国家出版基金项目
NATIONAL PUBLICATION FOUNDATION

江南传统民居园林

装修与装饰

孙大章 著

中国建筑设计研究院建筑历史研究所

中国建材工业出版社

内容提要

　　本书分为上、下两册，上册为论述，下册为图录。本书将约500余处江南传统园林民居的调研成果进行梳理和补充，从乾隆下江南说起，围绕香山帮及蒯祥、姚承祖及《营造法原》、江南园林与《园冶》、江南民居特点、江南民居园林装修及装饰，对建筑外檐装修、内檐装修、庭院空间装修、建筑装饰等内容，进行了原创性的详细论述，具备重要的史料价值和学术价值。

　　本书对江南传统民居和园林的保护性设计与修缮，能起到积极的指导作用，也可供现代建筑设计、古代建筑研究、古典建筑施工、舞台美术及平面设计等方面人员深入学习，并在传承传统文化、创新民族风格方面起到关键性的参考价值和启迪作用。

目 录

下册：图录 ————————————————————————————————

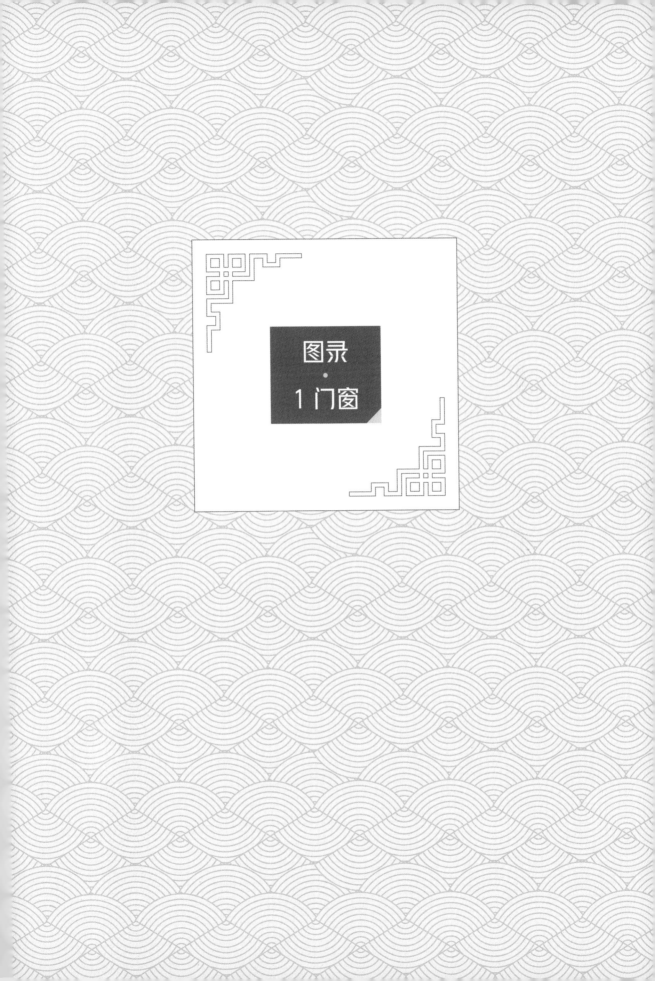

图录
·
1 门窗

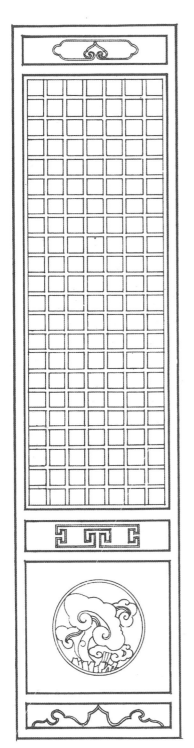

▲图 1-1
同里袁家白场 29 号长窗

▲图 1-2
上海松江中山路民居长窗

▲图 1-3
苏州留园仁立庵长窗

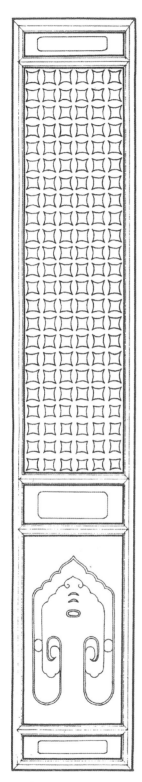

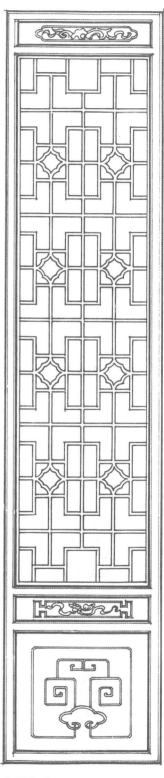

▲ 图 1-4
苏州虎丘大殿长窗

▲ 图 1-5
浙江海宁盐官城隍庙长窗

▲ 图 1-6
苏州东山翁巷容寿堂长窗

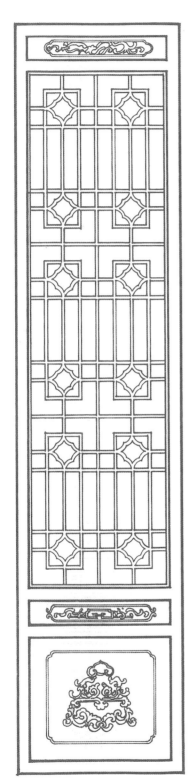

▲图 1-7
苏州东山翁巷容寿堂长窗

▲图 1-8
上海豫园仰山堂长窗

▲图 1-9
上海松山路 1356 号长窗

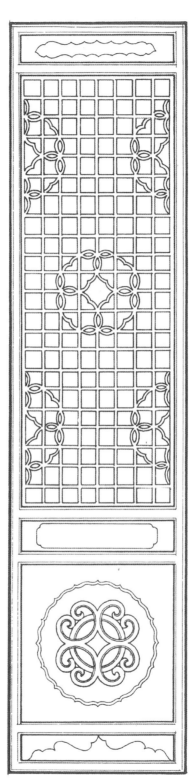

▲图 1—10
苏州耦园长窗

▲图 1—11
上海松江中山路民居长窗

▲图 1—12
浙江海宁盐官民居长窗

▲图 1–13
苏州留园涵碧山房长窗

▲图 1–14
浙江湖州小西街民居长窗

▲图 1–15
苏州怡园碧梧栖凤半窗

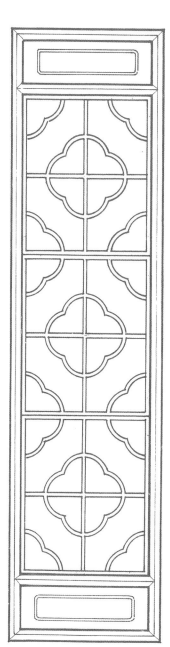

▲图 1-16
震泽民居半窗

▲图 1-17
苏州网师园半窗

▲图 1-18
苏州环秀山庄长窗

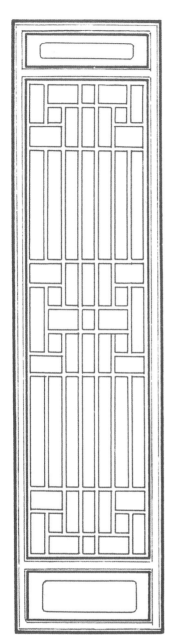

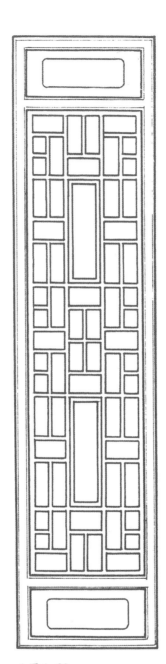

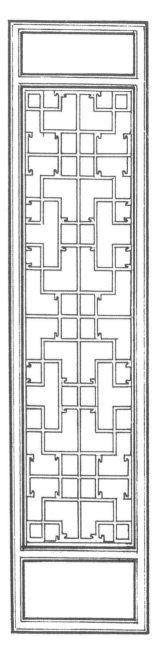

▲图 1-19
苏州民居半窗

▲图 1-20
苏州民居半窗

▲图 1-21
上海豫园半窗

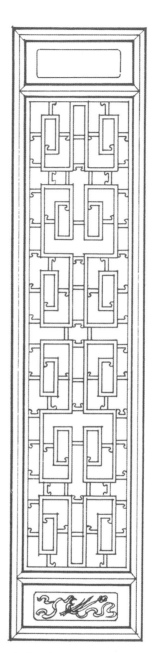

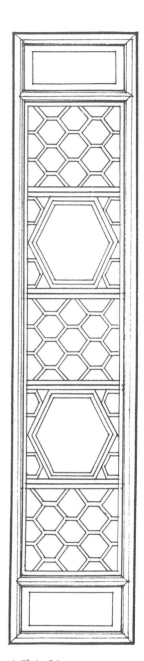

▲图 1-22
苏州民居半窗

▲图 1-23
上海豫园快楼半窗

▲图 1-24
苏州耦园半窗

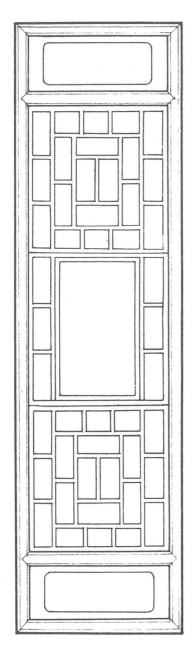

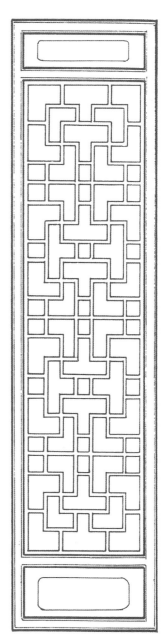

▲图 1—25
苏州沧浪亭清香馆半窗

▲图 1—26
盐官南门直街 23 号半窗

▲图 1—27
苏州民居长窗

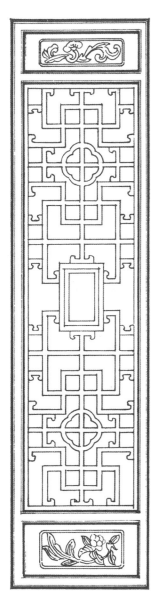

▲图 1—28
震泽民居半窗

▲图 1—29
海宁盐官陈宅长窗

▲图 1—30
杭州净慈寺半窗

▲图 1-31
苏州王洗马巷民居半窗

▲图 1-32
杭州岳宫巷民居半窗

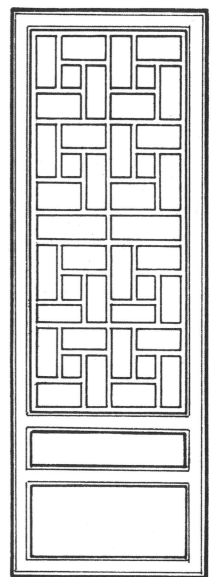

▲图 1-33
上海阜新路俞家弄民居半窗

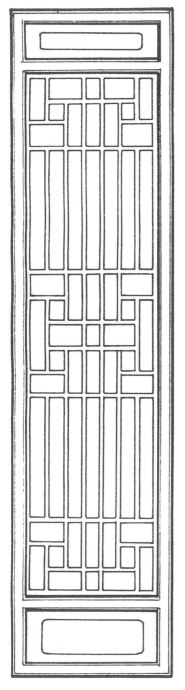

▲图 1—34
半窗

▲图 1—35
半窗

▲图 1—36
半窗

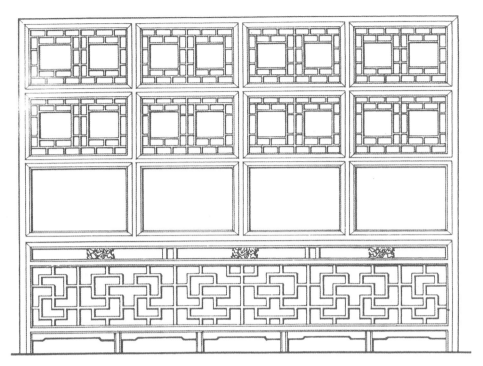

▲图 1-37
浙江吴兴某宅和合窗

▲图 1-38
浙江吴兴某宅和合窗

▲图 1-39
无锡锡惠公园砖框花窗

▲图 1-40
苏州沧浪亭明道堂山墙砖框花窗

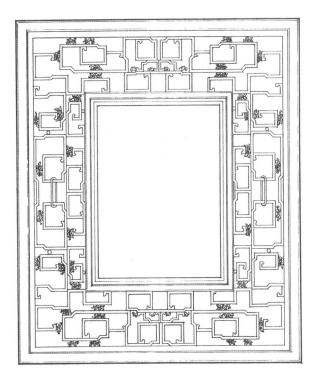

▲ 图 1-41
苏州耦园山水间水榭山墙砖框花窗

▲ 图 1-42
苏州网师园看松读画轩后檐砖框花

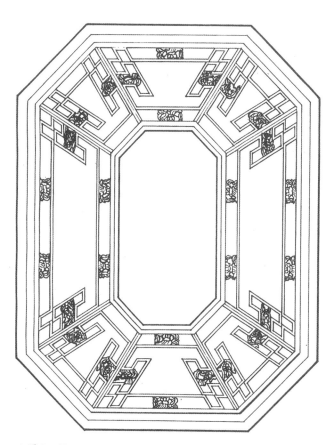

▲图 1–43
苏州狮子林燕誉堂山墙砖框花窗

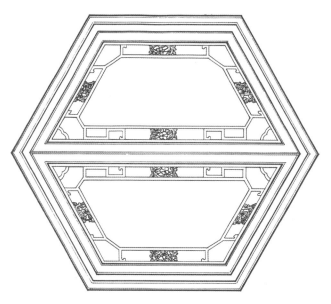

▲图 1–44
苏州西园湖心亭砖框花窗

▲图 1-45
浙江海宁盐官城隍庙长窗

▲图 1-46
浙江海宁盐官南门民居长窗

▲图 1-47
上海松江中山西路 1356 号长窗

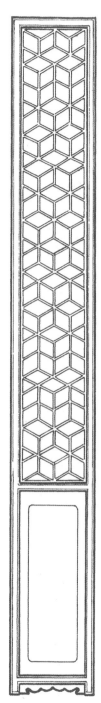

▲图 1-48
浙江海宁盐官南门民居长窗

▲图 1-49
杭州玉皇山大殿长窗

▲图 1-50f
苏州耦园长窗

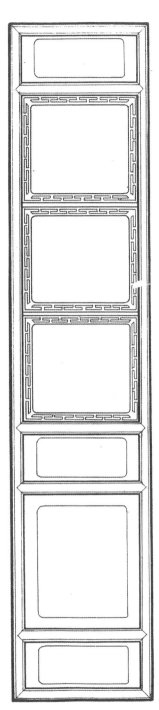

▲图 1—51
浙江海宁盐官镇双清草堂半窗

▲图 1—52
杭州平湖秋月长窗

▲图 1—53
浙江海宁盐官南门民居长窗

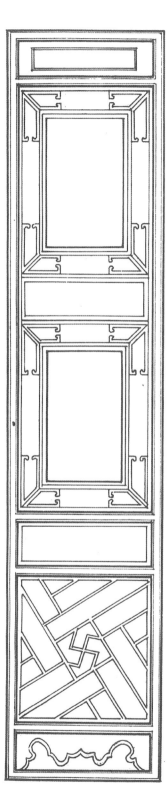

▲图 1—54
苏州耦园长窗

▲图 1—55
苏州拙政园长窗

▲图 1—56
苏州拙政园志清处长窗

▲图 1—57
苏州鹤园四面厅长窗

▲图 1—58
杭州平湖秋月长窗

▲图 1—59
苏州忠王府长窗

▲图 1-60

苏州留园五峰仙馆长窗

▲图 1-61

杭州三潭印月长窗

▲图 1-62

长窗

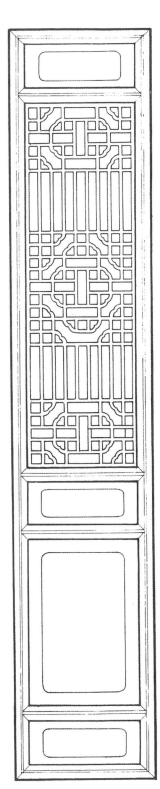

▲图 1-63
苏州东山光荣村民居长窗

▲图 1-64
杭州上天竺民居长窗

▲图 1-65
苏州拙政园玉兰堂长窗

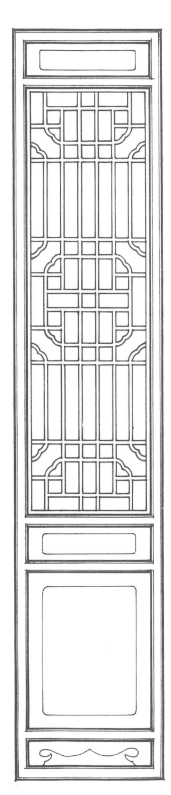

▲图 1-66
苏州耦园长窗

▲图 1-67
杭州岳官巷民居长窗

▲图 1-68
苏州大石头巷民居长窗

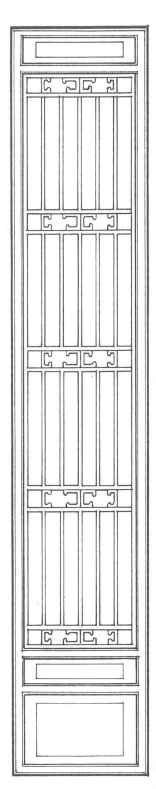

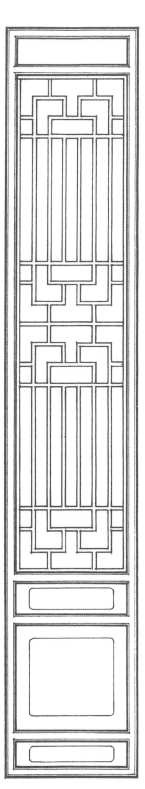

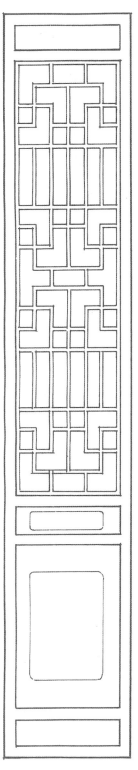

▲ 图 1—69
苏州拙政园长窗

▲ 图 1—70
苏州耦园长窗

▲ 图 1—71
苏州沧浪亭清香堂长窗

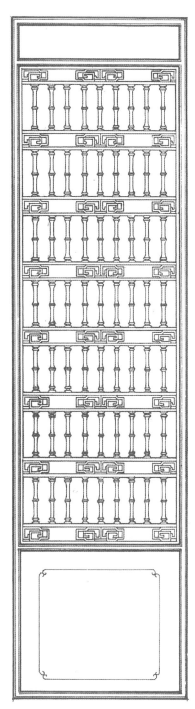

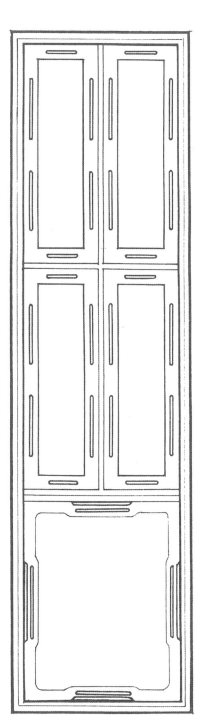

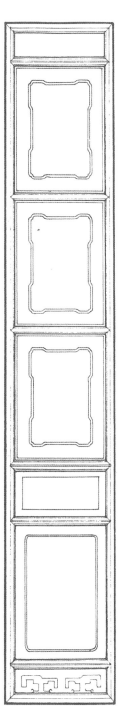

▲ 图 1-72
上海新仁里 5 号隔扇

▲ 图 1-73
鹤园书房格扇

▲ 图 1-74
苏州王洗马巷 7 号
楠木厅长窗

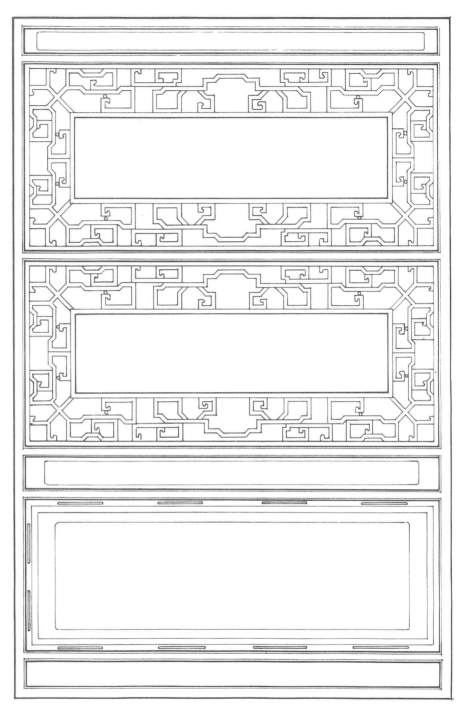

▲图 1—75
苏州王洗马巷 7 号花厅隔断

◀图 1-76
苏州某宅室内隔断局部

▶图 1-77
杭州胡宅长窗

▶图 1-78
扬州某宅外檐长窗及横风扇

▲图 1—79
苏州网师园大厅长窗内心仔

▲图 1—80
苏州耦园长窗内心仔

▲图 1-81
上海天灯弄某宅长窗

▲图 1-82
苏州东山雕刻大楼外檐长窗

◀图 1-83
苏州东北街张宅长窗

◀图 1-84
绍兴鲁迅路 188 号书房外檐长窗

▲图 1—85
苏州耦园外檐冰纹格心

▲图 1—86
苏州留园仁云庵半窗

◀图 1-87
浙江南浔张懿德堂半窗

◀图 1-88
上海芦席街 24 号窗

▶图 1—89
苏州拙政园志清处半窗

▶图 1—90
浙江南浔小莲庄某宅地坪窗

◀图 1-91
浙江南浔顾宅地坪窗

◀图 1-92
苏州东山镇雕刻大楼地坪窗

▶图 1-93
上海豫园亦舫和合窗

▶图 1-94
上海内园"可以观"和合窗

◀图 1-95
苏州沧浪亭藕花水榭和合窗

◀图 1-96
杭州胡宅和合窗

▲ 图 1—97
杭州文澜阁和合窗

▲ 图 1—98
苏州网师园蹈和馆砖框花窗

◀图 1—99
苏州拙政园卅六鸳鸯馆砖框花窗

◀图 1—100
苏州拙政园砖框花窗

▶图 1-101
苏州怡园坡仙琴馆砖框花窗

▶图 1-102
苏州拙政园香洲砖框花窗

◄ 图 1−103
苏州留园冠云楼砖框花窗

◄ 图 1−104
苏州拙政园海棠春坞砖框花窗

▶ 图 1-105
绍兴鲁迅纪念馆长窗格心

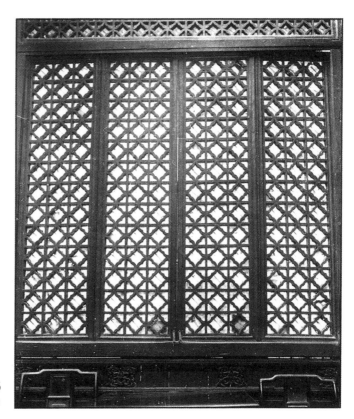

▶ 图 1-106
苏州震泽宝塔街某宅半窗格心

◀图 1–107
浙江南浔崇德堂外檐长窗格心

◀图 1–108
苏州王洗马巷某宅半窗

▶图 1-109
苏州网师园殿春簃半窗

▶图 1-110
苏州铁瓶巷任宅长窗

▲图 1—111
苏州忠王府长窗

▲图 1—112
苏州留园五峰仙馆半窗

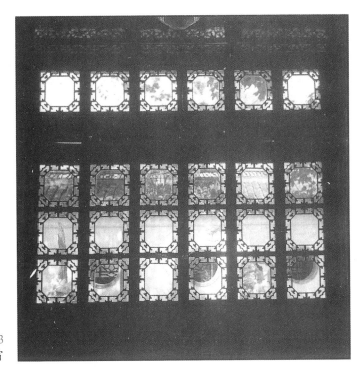

▶图 1-113
苏州狮子林立雪堂前檐半窗

▶图 1-114
浙江鄞县梅墟镇新乐乡陈宅长窗

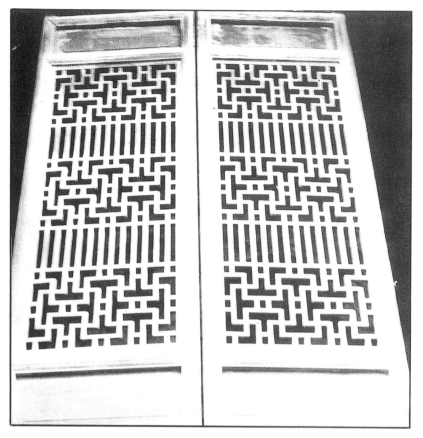

▲图 1-115
杭州上天竺某宅长窗

▲图 1-116
浙江南浔张宅半窗

▲图 1-117
杭州平湖秋月湖天一碧长窗

▲图 1-118
浙江南浔小莲庄绿天长窗

◀图 1-119
苏州东山翁巷某宅长窗

◀图 1-120
浙江南浔小莲庄文字图案半窗

▶图 1-121
苏州拙政园半窗

▶图 1-122
苏州留园汲古得绠处前檐长窗

▲图 1-123
苏州留园自"还我读书处"室内透窗观景

▲图 1-124
无锡寄畅园秉礼堂于室内观景

▲图 1-125
苏州留园自佺云庵室内观景

▲图 1-126
苏州网师园大厅连续长窗

◀图 1-127
杭州平湖秋月湖天一碧外檐长窗

◀图 1-128
苏州留园林泉耆硕之馆长窗

▶图 1-129
苏州留园西楼外檐装修

▶图 1-130
苏州留园五峰仙馆自室内外望

▲图 1-131
苏州留园五峰仙馆半窗

▲图 1-132
苏州拙政园远香堂正面

▲图 1-133
苏州留园林泉耆硕之馆外檐地坪窗

▲图 1-134
苏州留园林泉耆硕之馆北厅山墙花窗

◀图 1—135
苏州留园林泉耆硕之馆南厅山墙花窗

◀图 1—136
苏州拙政园玉兰堂外檐长窗

▶图 1-137
苏州留园揖峰轩自室内观石林小院

▶图 1-138
苏州留园揖峰轩砖框花窗及室内陈设

◄图 1-139
苏州拙政园玲珑馆门窗

◄图 1-140
苏州网师园小山丛桂轩砖框花窗
及室内装修

▶图 1–141
苏州留园闻木樨香轩

▶图 1–142
苏州网师园殿春簃东次间后檐半窗

◀图 1-143
苏州留园清风池馆

◀图 1-144
苏州拙政园宜两亭半窗

▶图 1-145
上海豫园玉华堂半窗

▶图 1-146
上海天灯弄 77 号外檐

◀图 1-147
苏州东北街张宅外檐

◀图 1-148
绍兴青藤书屋外檐

▶ 图 1-149
苏州某宅外檐装修

▶ 图 1-150
绍兴某宅双扇外窗

▲图 1-151
苏州拙政园卅六鸳鸯馆南面长窗与栏杆

▲图 1-152
苏州拙政园卅六鸳鸯馆北面长窗与栏杆

▲图 1—153
苏州拙政园留听阁外窗

图录
·
2 栏杆

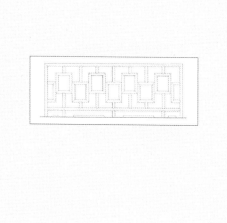

▲图2-1
江苏震泽城隍庙冰裂纹栏杆

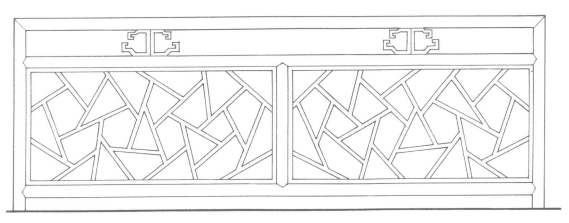

▲图2-2
苏州狮子林冰裂纹栏杆

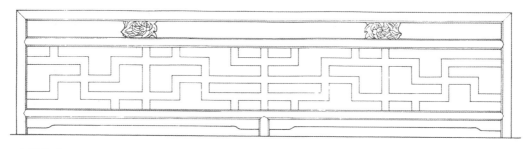

▲图2—3
江苏震泽城隍庙西花园木栏杆

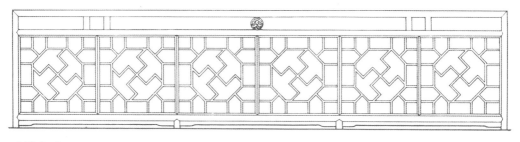

▲图2—4
苏州拙政园卅六鸳鸯馆栏杆

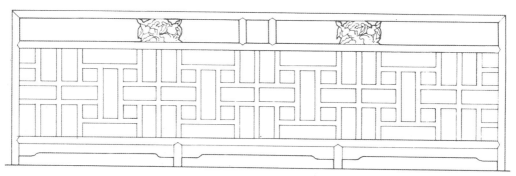

▲图2—5
苏州拙政园玉兰堂栏杆

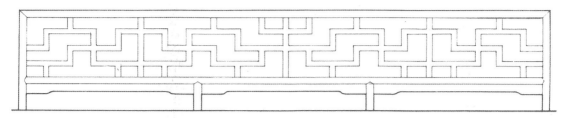

▲图 2-6
苏州拙政园小沧浪栏杆

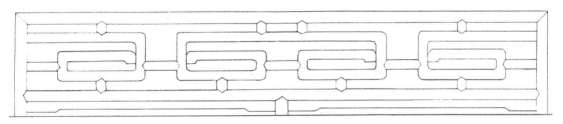

▲图 2-7
苏州光荣村张宅大厅栏杆

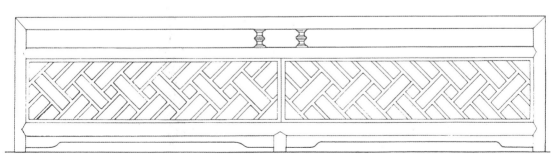

▲图 2-8
苏州留园涵碧山房栏杆

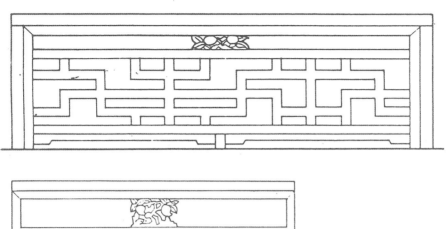

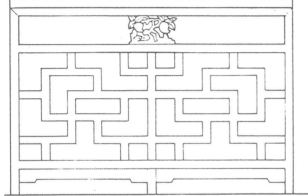

▲图 2-9
苏州畅园延晖成趣亭栏杆

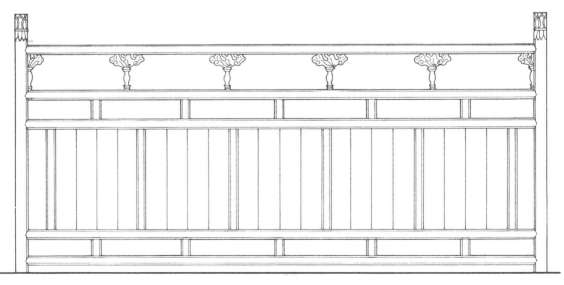

▲图 2-10
苏州东山金家店陆家栏杆

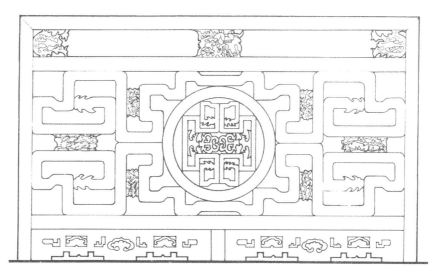

▲图 2-11
浙江南浔西华里张宅栏杆

▲图 2-12
浙江民居木栏杆

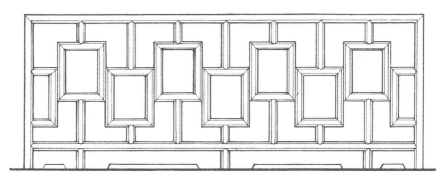

▲图 2-13
苏州东山明善堂明代栏杆

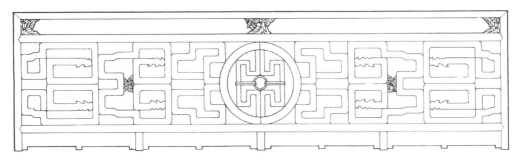

▲图 2-14
浙江民居夔式栏杆

▲图 2-15
浙江民居夔龙栏杆

▲图 2-16
浙江民居木栏杆

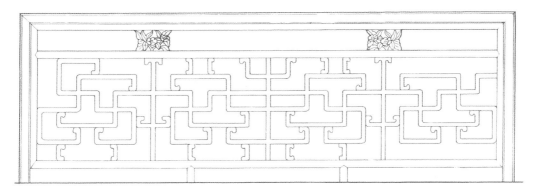

▲图 2-17
苏州王洗马巷万宅楠木厅栏杆

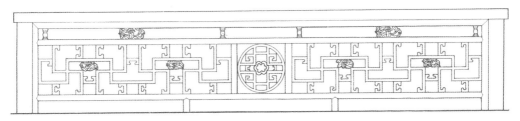

▲图 2-18
苏州王洗马巷万宅楠木厅栏杆

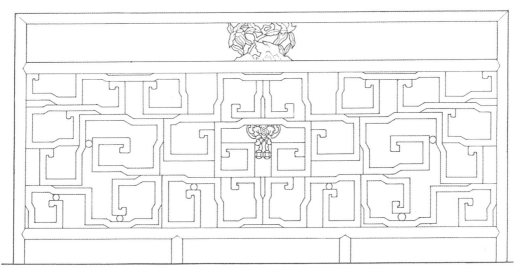

▲图 2-19
苏州耦园栏杆

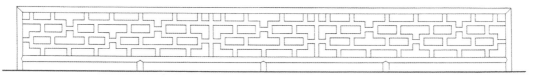

▲图 2-20
杭州三潭印月栏杆

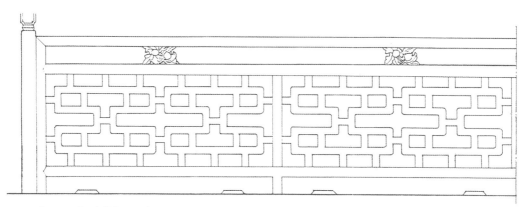

▲图 2-21 杭州博物馆栏杆

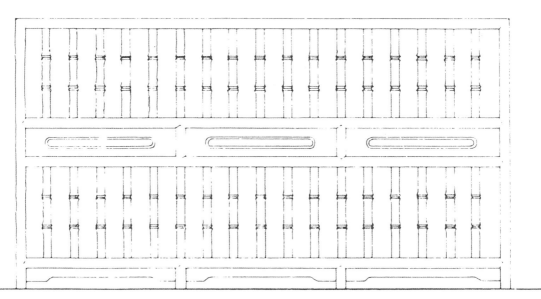

▲图 2-22
苏州新仁里五号竹节式木栏杆

▲图 2-23
苏州狮子林春趣亭栏杆

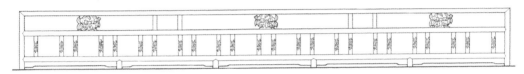

▲图 2-24
苏州狮子林竹节式栏杆

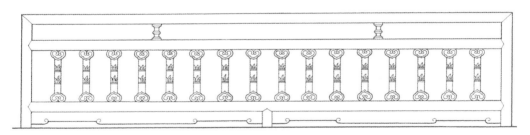

▲图 2-25
苏州留园竹节如意头栏杆

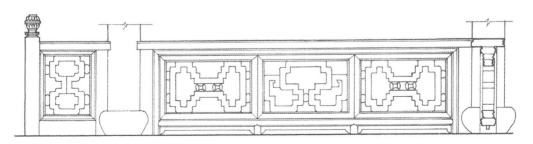

▲图 2-26
苏州白塔东路半圆砖栏杆

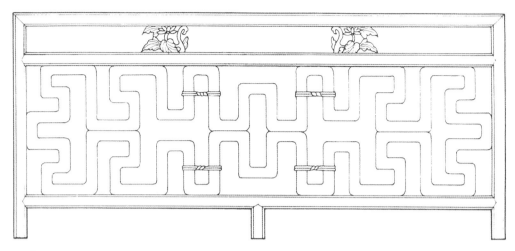

▲图 2-27
浙江民居木栏杆

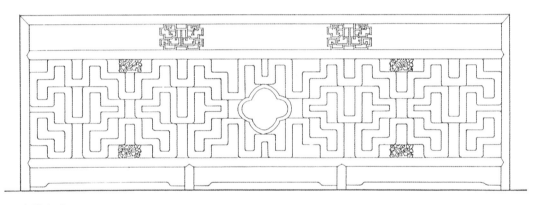

▲图 2-28
苏州狮子林燕誉堂栏杆

▲图 2-29
浙江民居木栏杆

▲图 2-30
苏州耦园藏书楼栏杆

▲图 2-31
苏州拙政园小飞虹栏杆

▲图 2—32
苏州狮子林某厅栏杆

▲图 2—33
江苏震泽藕河街 24 号方宅栏杆

▲图 2-34
苏州拙政园玉兰堂栏杆

▲图 2-35
无锡锡山某堂栏杆

▲图 2—36
苏州东山雕花楼栏杆

▲图 2—37
苏州狮子林栏杆

▲图 2—38
苏州铁瓶巷任宅栏杆

▲图 2—39
上海内园栏杆

▲图 2-40
苏州艺圃坐凳栏杆

▲图 2-41
苏州网师园砖栏杆

▲图 2—42
苏州半园砖栏杆

▲图 2—43
苏州拙政园水廊砖栏杆

▲ 图 2-44
苏州拙政园砖栏杆

▲ 图 2-45
杭州某宅美人靠

▲图 2-46
杭州某宅美人靠

▲图 2-47
杭州某宅美人靠

▲图 2—48
杭州平湖秋月栏杆挂落

▲图 2—49
杭州某亭美人靠

▲图 2-50
杭州平湖秋月四面厅靠背栏杆

▲图 2-51
苏州留园清风池馆靠背栏杆

▲图 2—52
苏州留园明瑟楼靠背栏杆

▲图 2—53
苏州艺圃靠背栏杆

▲图 2-54
苏州拙政园绣漪亭靠背栏杆

▲图 2-55
苏州留园明瑟楼靠背栏杆

▲图 2-56
杭州胡庆余堂靠背栏杆

▲图 2-57
扬州个园靠背栏杆

▲图 2-58
杭州西泠印社石栏杆

▲图 2-59
上海松江城隍庙石栏杆

▲图 2-60
扬州平山堂石栏杆

▲图 2-61
杭州西泠印社石栏杆

▶图 2—62
苏州耦园某厅栏杆挂落

▶图 2—63
上海豫园三穗堂栏杆挂落

▲图 2-64
苏州天平山高义园御书楼栏杆挂落

▲图 2-65
南京莫愁湖栏杆

▲ 图 2-66
杭州古葛村某宅栏杆

▲ 图 2-67
苏州某巷刘宅楼层栏杆

▲图 2—68
苏州拙政园卅六鸳鸯馆北面栏杆

▲图 2—69
苏州拙政园卅六鸳鸯馆南面栏杆

▲图 2—70
苏州狮子林指柏轩栏杆

▲图 2—71
杭州平湖秋月木石栏杆

▲图 2-72
苏州拙政园铁栏杆

▲图 2-73
苏州拙政园石栏杆

图录
·
3 挂落

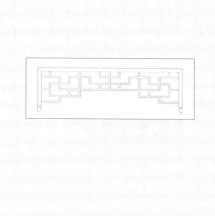

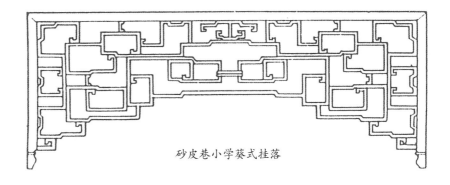

砂皮巷小学葵式挂落

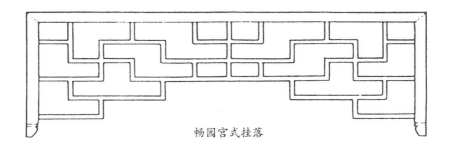

畅园宫式挂落

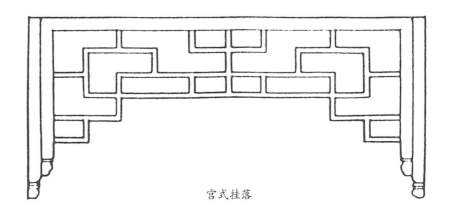

宫式挂落

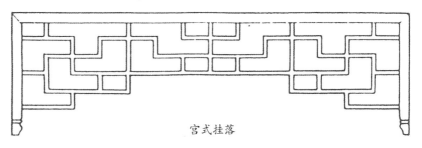

宫式挂落

▲ 图 3-1
苏州园林栏杆挂落四种

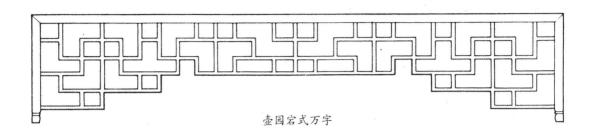

壶园宏式万字

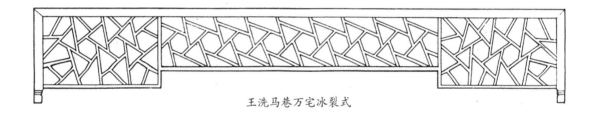

王洗马巷万宅冰裂式

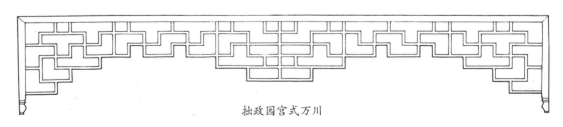

拙政园宫式万川

▲ 图 3-2
苏州园林挂落三种

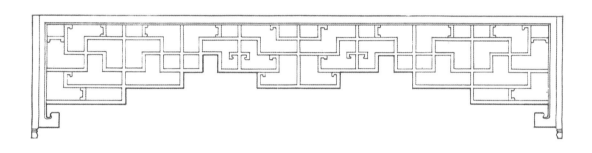

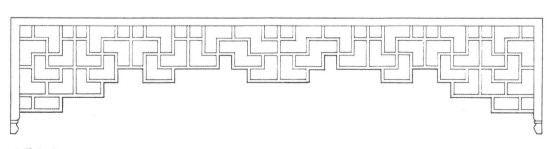

▲ 图 3—3
苏州网师园挂落三种

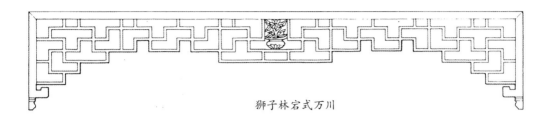

狮子林宕式万川

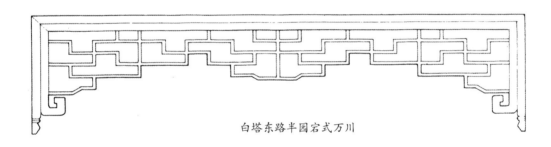

白塔东路半园宕式万川

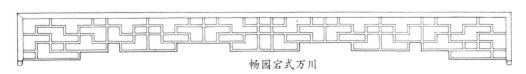

畅园宕式万川

▲ 图 3-4
苏州园林挂落三种

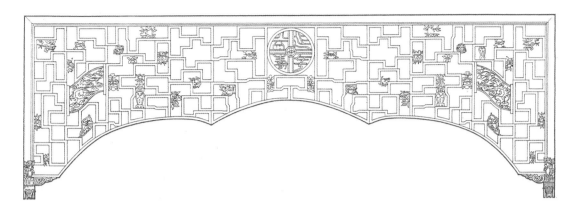

▲图 3-5
浙江南浔军医院挂落

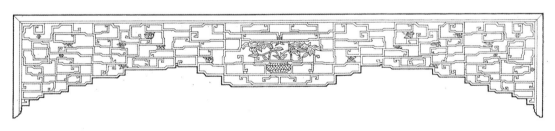

▲图 3-6
苏州某园葵式挂落

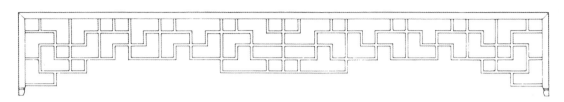

▲图 3-7
苏州拙政园小沧浪挂落

▲图 3-8
苏州狮子林挂落

▲图 3-9
苏州耦园葵式万川挂落两种

▲图 3-10
上海豫园古井亭栏杆挂落

▲图 3-11
上海豫园三穗堂栏杆挂落

▲图 3—12
苏州拙政园栏杆挂落

▲图 3—13
上海豫园点春堂外廊

▲图 3-14
苏州网师园自射鸭廊观月到风东亭

▲图 3-15
苏州拙政园见山楼外廊

▲图 3—16
杭州胡宅外檐装修

▲图 3—17
上海豫园静观外檐

▲图 3-18
浙江南浔南东街 317 号外檐花罩

▲图 3-19
浙江南浔嘉业藏书楼外檐飞罩

▲图 3—20
浙江湖州小西街某宅外檐

▲图 3—21
浙江南浔小莲庄后楼外檐

图录
·
4 内檐装修

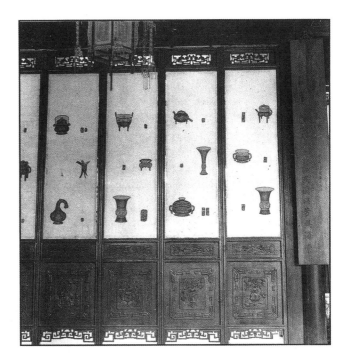

▲图 4-1
苏州留园五峰仙馆纱隔

▲图 4-2
苏州网师园看松读画轩纱隔

▲图 4—3
苏州留园五峰仙馆纱隔

▲图 4—4
苏州留园五峰仙馆室内隔断与家具

▲图 4-5
苏州留园五峰仙馆明间隔断与家具

▲图 4-6
苏州留园五峰仙馆隔断

▲ 图 4—7
苏州网师园大厅明间屏门

▲ 图 4—8
苏州留园林泉耆硕之馆北面全景

▲图 4-9
苏州留园林泉耆硕之馆隔断南面

▲图 4-10
苏州留园林泉耆硕之馆屏门北面冠云峰图

▲ 图 4—11
苏州狮子林燕誉堂屏门与家具

▲ 图 4—12
苏州狮子林燕誉堂屏门与匾额

▲图 4-13
苏州拙政园卅六鸳鸯馆洞门及花窗

▲图 4-14
苏州网师园看松读画轩明间

▲图 4—15

上海豫园点春堂室内布置

▲图 4—16

苏州拙政园倒影楼二楼屏门

▲ 图 4-17
上海豫园萃秀堂隔断

▲ 图 4-18
上海豫园卷云楼二层

▲图 4—19
上海豫园点春堂隔断

▲图 4—20
上海豫园亦舫落地罩

▲图 4-21
苏州拙政园志清处落地罩

▲图 4-22
苏州明代家具

▲图 4-23
浙江南浔藏书楼诗萃室

▲图 4-24
苏州纽家巷潘宅室内隔断

▲图 4—25

浙江南浔张宅楼上隔断

▲图 4—26

杭州胡庆余堂大厅隔断

▲图 4–27
浙江南浔张宅室内隔断

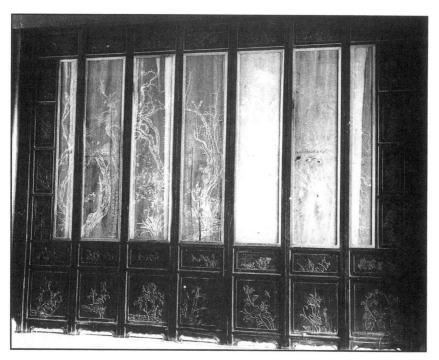

▲图 4–28
浙江南浔张宅室内隔断

▲图 4-29
苏州怡园木雕家具

▲图 4-30
苏州东山明善堂家具

图录
·
5 罩类

▲图 5—1
苏州网师园梯云室通过花罩观园景

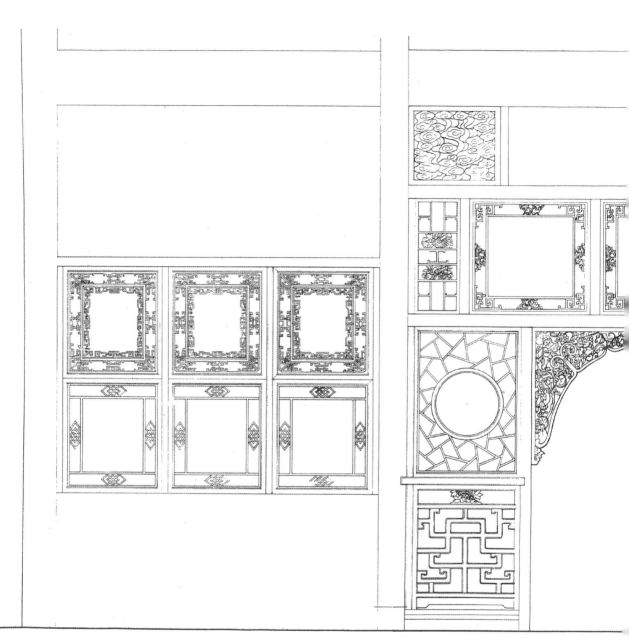

▲图 5-2

苏州纽家巷潘宅室内隔断全景

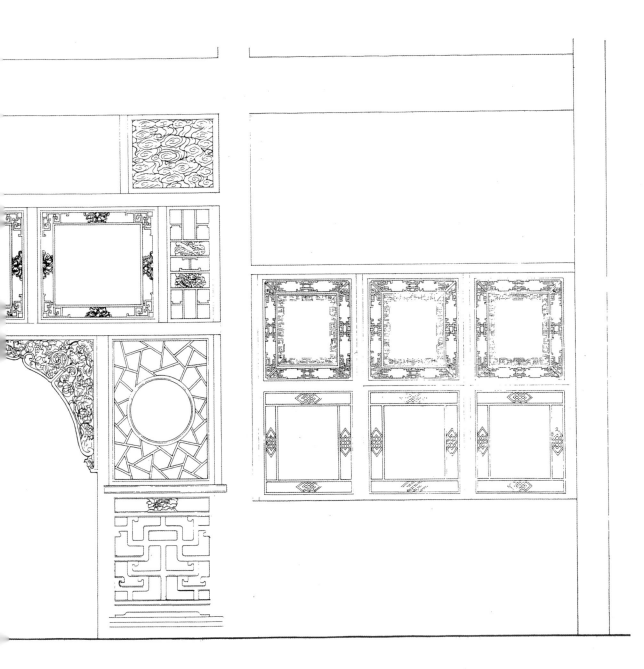

▲ 图 5—3
苏州狮子林古五松园芭蕉罩

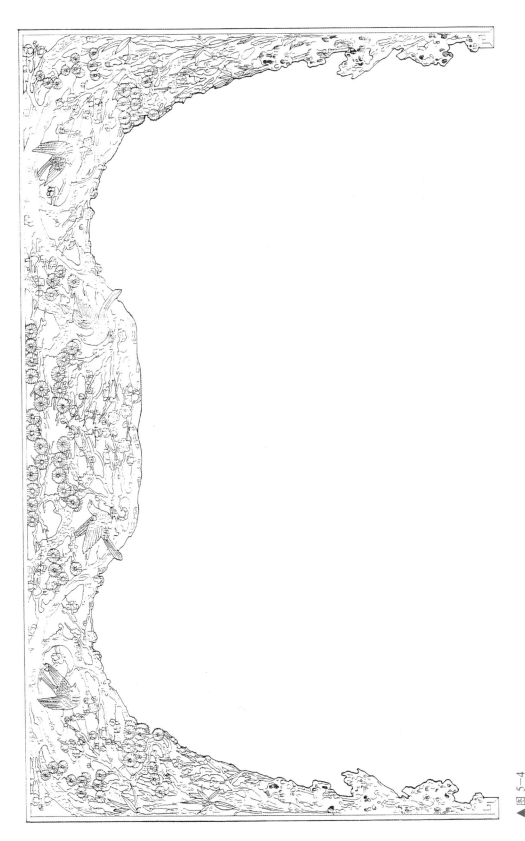

▲ 图 5-4
苏州拙政园留听阁松竹梅飞罩

▲图 5-5
苏州耦园山水间岁寒三友落地罩

▲ 图 5—6
苏州耦园子孙万代（藤茎葫芦）圆光罩

▲ 图 5-7
苏州耦园丹凤朝阳落地罩

▲图 5-8
苏州王洗马巷万宅松鼠葡萄飞罩

▲图 5-9 苏州王洗马巷万宅鹊梅飞罩

▲图 5−10
苏州王洗马巷万宅松柏落地罩

▲图 5-11
苏州寒山寺凤戏牡丹飞罩

▲图 5-12
苏州网师园喜鹊登梅落地罩

▲ 图 5-13
苏州拙政园香洲八方罩

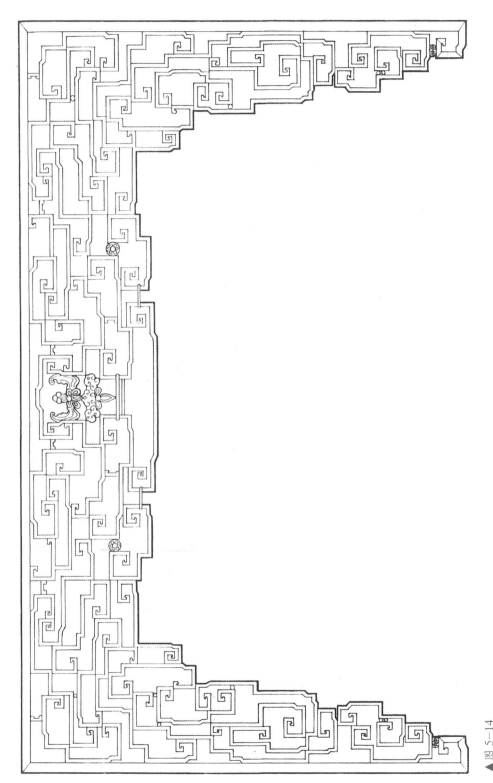

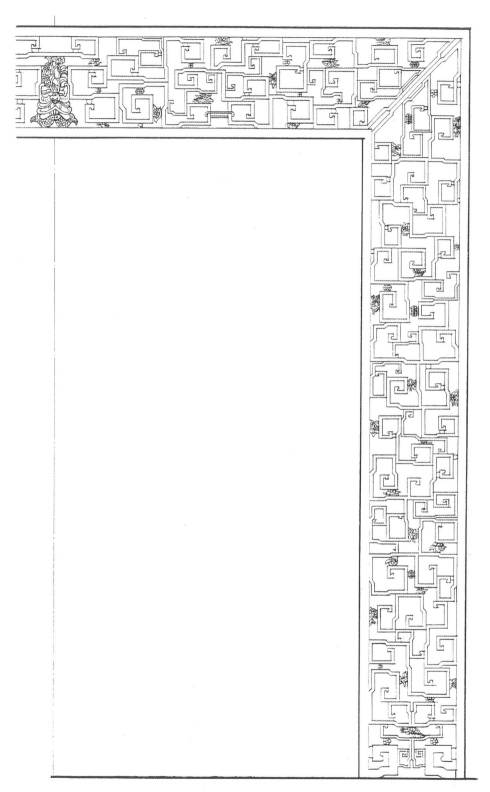

▲图 5-15
苏州耦园乱纹落地罩

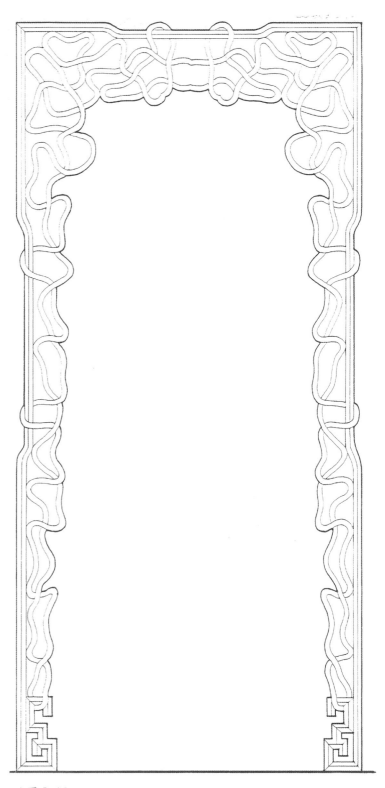

▲图 5—16
苏州耦园一根藤落地罩

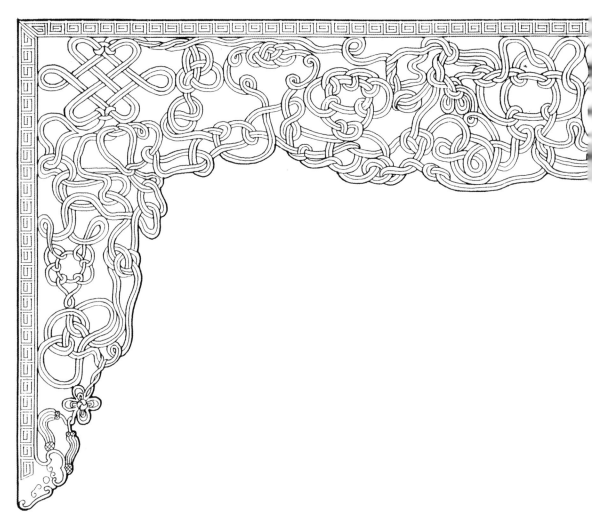

▲ 图 5-17
苏州耦园百结带飞罩

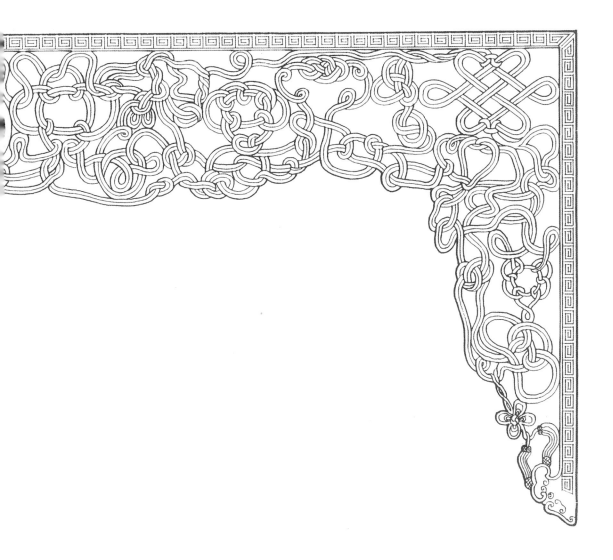

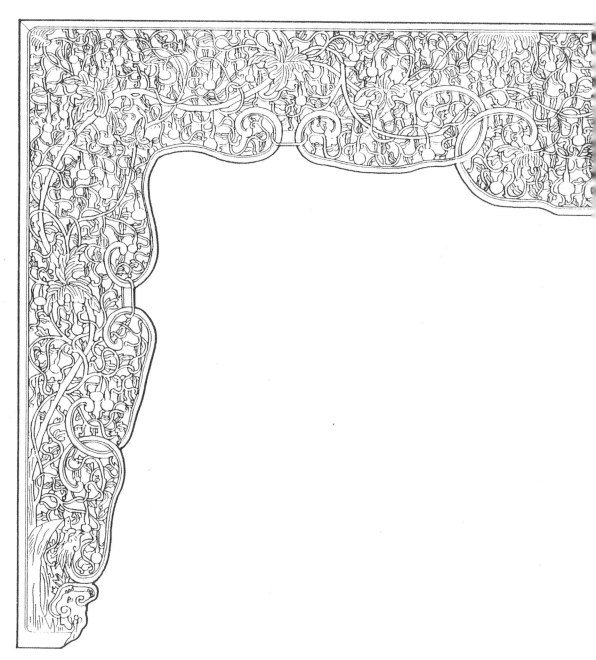

▲ 图 5—18
苏州耦园藤茎葫芦飞罩

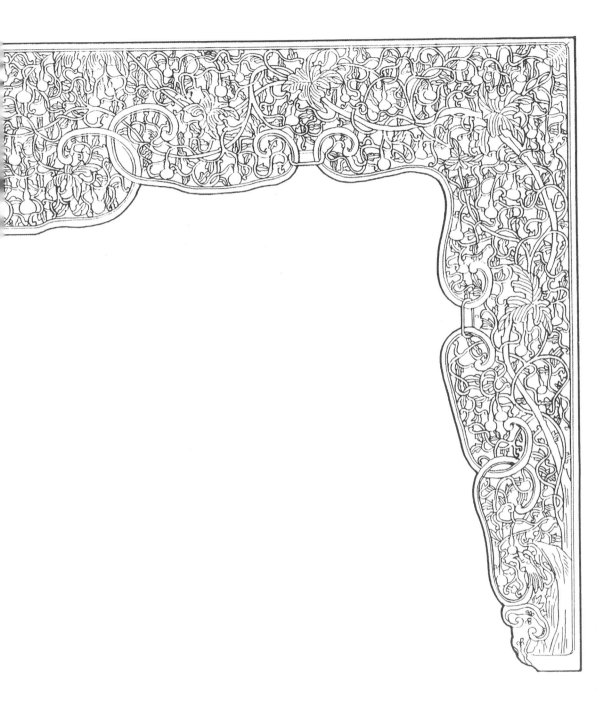

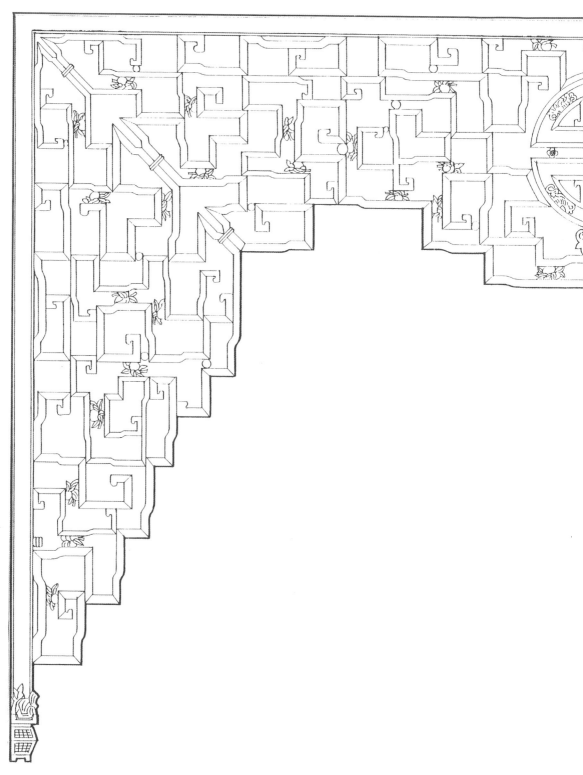

▲ 图 5—19
苏州东山古石巷周宅乱纹飞罩

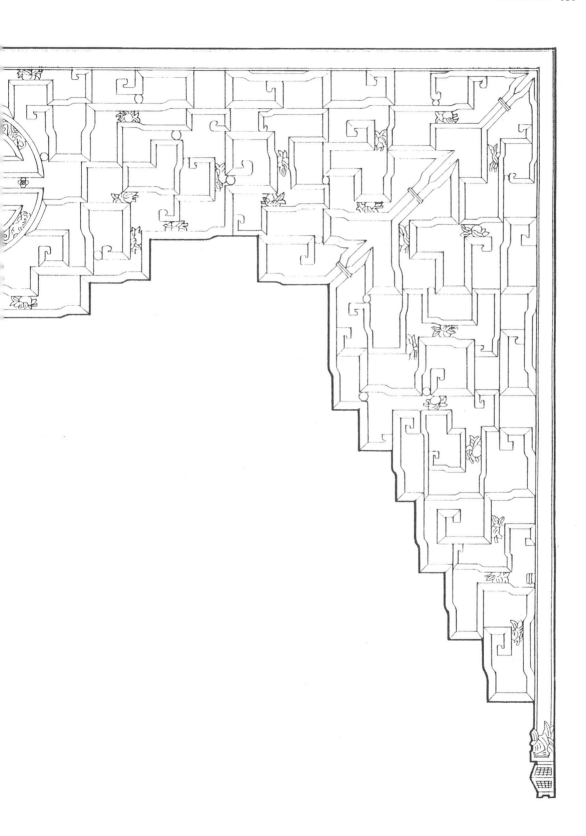

▲图 5-20

苏州耦园乱纹嵌花结圆光罩

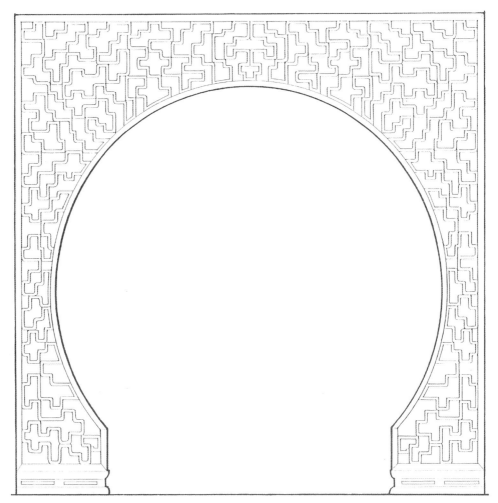

▲ 图 5-21
苏州狮子林立雪堂一根藤圆光罩

▲图 5—22
江苏吴江震泽王雨生宅冰穿梅花八方罩

▲图 5—23
苏州耦园秋景落地罩（寓意福禄寿）

▲图 5—24
浙江南浔张宅外廊花罩

▲图 5—25
浙江海宁盐官老宅双清草堂外廊花罩

▲图 5—26
上海内园洞天福地入口

▲图 5—27
苏州拙政园香洲八方花罩

▲图 5—28
苏州留园五峰仙馆梢间落地罩

▲图 5—29
苏州留园林泉耆硕之馆次间花罩

▲图 5-30
上海内园静观大厅落地罩

▲图 5-31
苏州东山古石巷周宅洞门落地罩对景

▲图 5-32

苏州狮子林立雪堂圆光罩

图录
·
6 洞门空窗

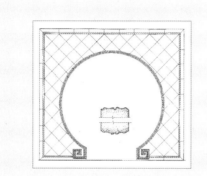

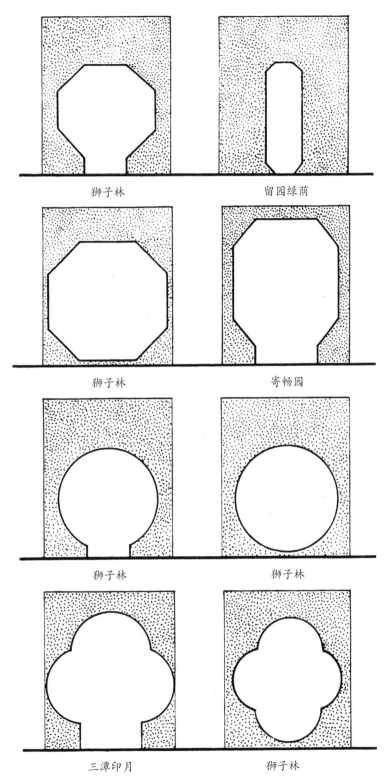

狮子林   留园绿荫

狮子林   寄畅园

狮子林   狮子林

三潭印月   狮子林

▲图 6-1
苏州园林各种洞门实测图

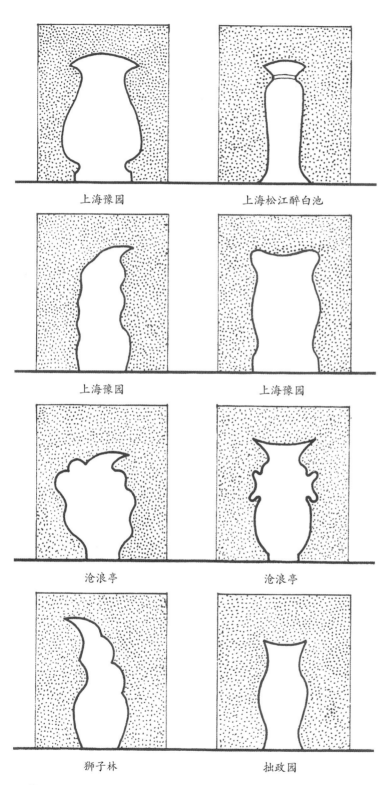

上海豫园　　　　　　　　　　　上海松江醉白池

上海豫园　　　　　　　　　　　上海豫园

沧浪亭　　　　　　　　　　　　沧浪亭

狮子林　　　　　　　　　　　　拙政园

▲ 图 6-2
苏州园林各种洞门实测图

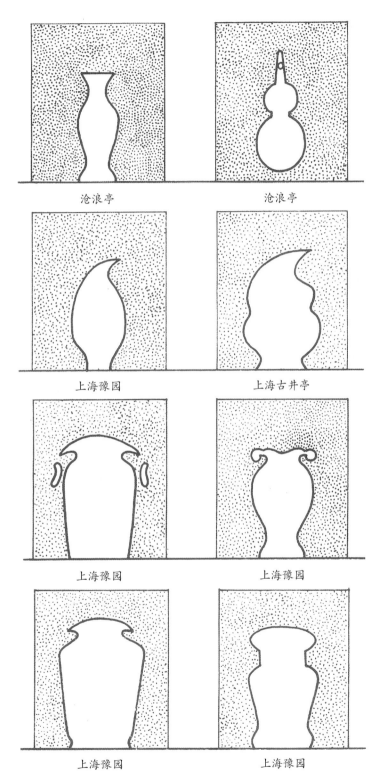

沧浪亭　　　　　　沧浪亭

上海豫园　　　　　上海古井亭

上海豫园　　　　　上海豫园

上海豫园　　　　　上海豫园

▲图 6-3
苏州园林各种洞门实测图

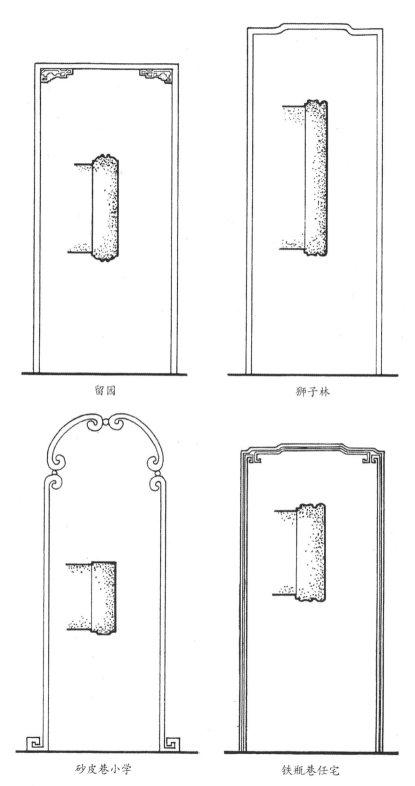

留园

狮子林

砂皮巷小学

铁瓶巷任宅

▲ 图 6-4
苏州园林各种洞门实测图

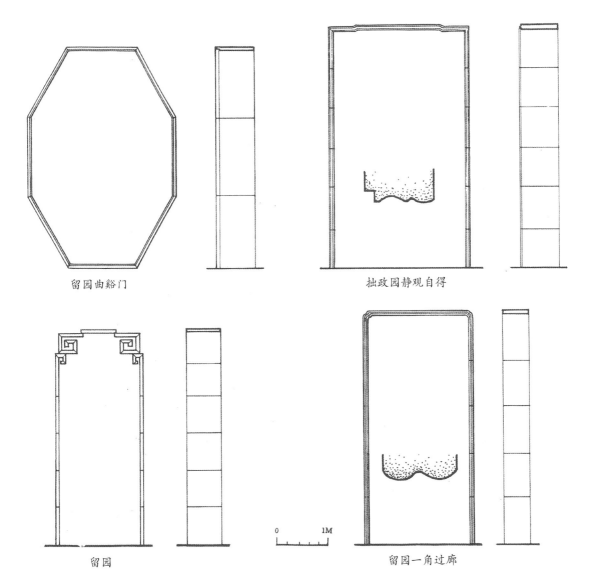

留园曲桼门

拙政园静观自得

留园

留园一角过廊

0　　　　1M

▲图 6-5
苏州园林各种洞门实测图

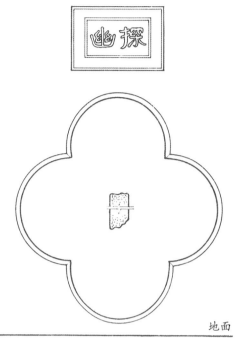

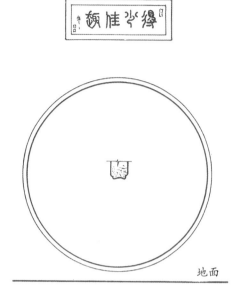

▲图 6-6
苏州园林各种洞门实测图

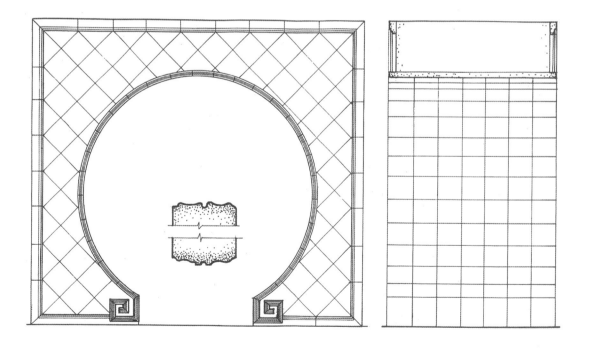

▲图 6-7
苏州拙政园别有洞天洞门

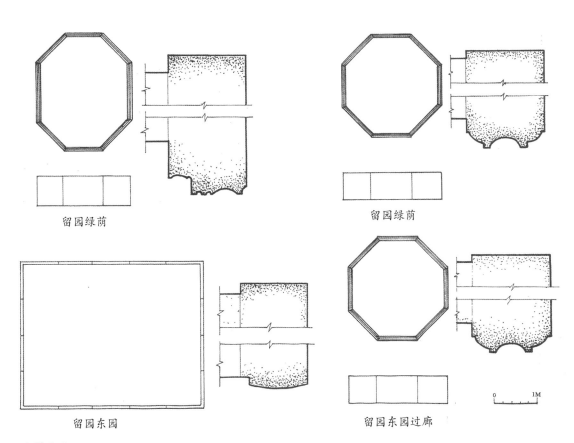

留园绿荫

留园绿荫

留园东园

留园东园过廊

▲图 6-8
苏州园林空窗实测图

▲图 6-9
苏州留园鹤所洞门

▲图 6-10
苏州留园鹤所月洞

▲图 6-11
苏州留园曲谿楼大月洞

▲图 6-12
苏州狮子林立雪堂侧月洞

▲图 6–13
苏州狮子林六角形空窗外观

▲图 6–14
扬州小盘谷什绵空窗

▲图 6-15
苏州沧浪亭洞门

▲图 6-16
苏州拙政园东入口

▲ 图 6-17
苏州拙政园洞门

▲ 图 6-18
苏州拙政园枇杷园洞门与雪香云蔚亭对景

▲图 6-19
苏州拙政园与谁同坐轩洞门与空窗

▲图 6-20
苏州拙政园与谁同坐轩洞门与空窗

▲图 6-21
苏州拙政园与谁同轩洞门对景

▲图 6-22
苏州狮子林入胜门

▲图 6—23
苏州留园鹤所洞门与空窗

▲图 6—24
苏州留园空窗

▲图 6—25
苏州留园石林小院空窗

▲图 6—26
苏州留园长月洞

▲图 6-27
苏州耦园圆洞门

▲图 6-28
苏州拙政园梧竹幽居洞门

▲图 6-29
上海豫园圆洞门

▲图 6-30
苏州留园圆洞门

▲图 6-31
苏州怡园圆洞门

▲图 6-32
杭州西泠印社圆洞门

▲图 6-33
无锡蠡园圆洞门

▲图 6-34
畅园某宅走廊圆洞门

▲图 6—35
苏州狮子林入胜门

▲图 6—36
苏州狮子林圆洞门

▲图 6—37
苏州拙政园圆洞门

▲图 6—38
苏州天平山御书楼后洞门

▲图 6-39
苏州拙政园卅六鸳鸯馆长八角门

▲图 6-40
杭州胡庆余堂外廊洞门

▲图 6-41
南京瞻园入口

▲图 6-42
上海豫园瓶形洞门

▲图 6-43
杭州三潭印月海棠门

▲图 6-44
苏州狮子林海棠门

▲ 图 6-45
上海桂林公园洞门

▲ 图 6-46
上海豫园秋叶洞门

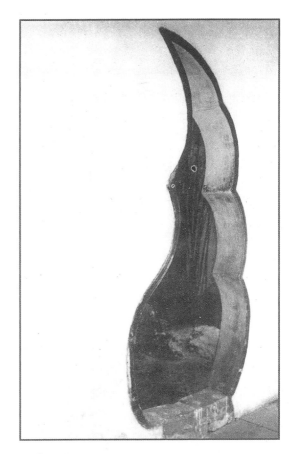

▲图 6-47
苏州狮子林叶形洞门

▲图 6-48
上海豫园汉瓶门

▲图 6-49
南京煦园汉瓶门

▲图 6-50
上海豫园汉瓶洞门

▲图 6—51
苏州狮子林瓶形洞门

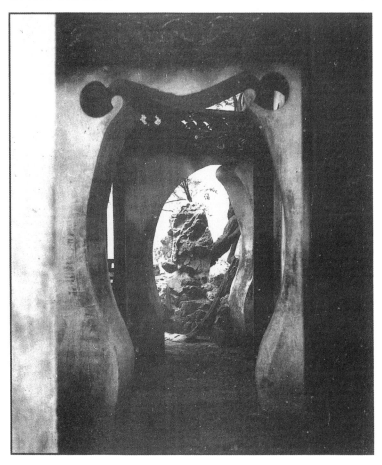

▲图 6—52
上海豫园瓶形洞门

▲图 6-53
上海豫园瓶形洞门

▲图 6-54
扬州何园门上角花

▲图 6-55
苏州拙政园洞门

▲图 6-56
苏州狮子林月洞

▲图 6—57
苏州留园石林小院月洞

▲图 6—58
苏州留园揖峰轩洞门

▲图 6-59
苏州怡园南雪亭长月洞

▲图 6-60
苏州留园石林小院月洞

▲图 6-61
扬州何园海棠形月洞

▲图 6-62
常熟秋叶形月洞

▲图 6-63
松江醉白池洞门

▲图 6-64
苏州耦园瓶形洞门

▲图 6-65
苏州拙政园瓶形洞门

▲图 6-66
苏州留园石林小院月洞

▲图 6-67
苏州拙政园月洞

▲图 6-68
苏州艺圃月洞

▲图 6–69
无锡蠡园洞门

▲图 6–70
苏州狮子林探幽洞门

图录
·
7 漏窗

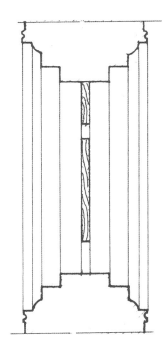

▲图 7-1
浙江湖州木雕漏窗

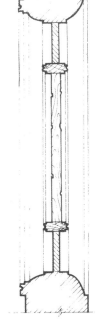

▲图 7-2
浙江湖州木雕漏窗

▲图 7-3
浙江湖州南浔木雕漏窗

▲图 7-4
浙江天台排门前路 24 号石漏窗

▲图 7-5
浙江天台某宅石漏窗

▲图 7-6
浙江天台某宅石漏窗

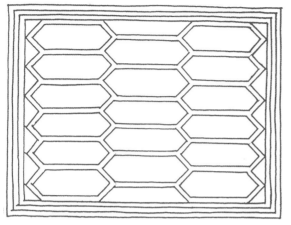

◀图 7-7
苏州留园橄榄景漏窗

◀图 7-8
苏州天平山高义园菱花石漏窗

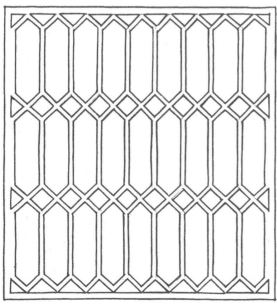

◀图 7-9
苏州昌善局橄榄景漏窗

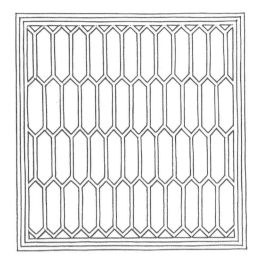

▲图 7-10
苏州网师园橄榄景漏窗

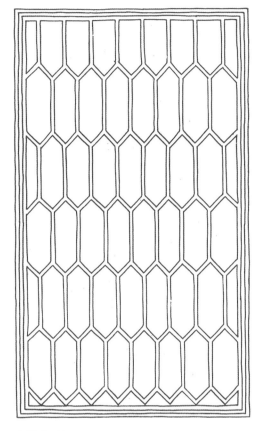

▲图 7-11
苏州东北街某宅橄榄景漏窗

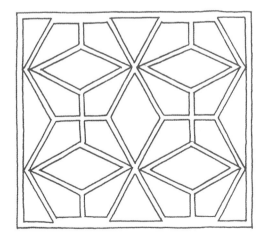

▲图 7-12
苏州天平山高义园云晶舍菱花漏窗

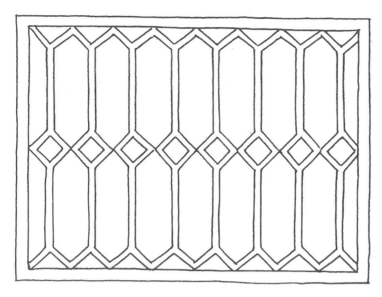

◀图 7-13
常熟某宅书条漏窗

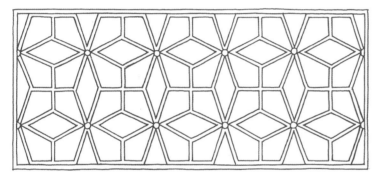

◀图 7-14
常熟维摩寺菱花漏窗

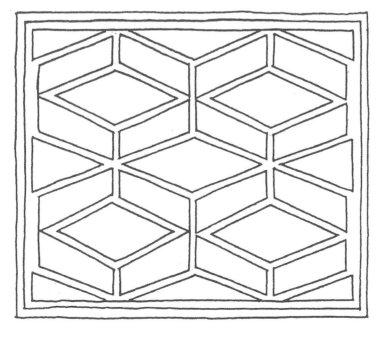

◀图 7-15
苏州东山干部招待所套方漏窗

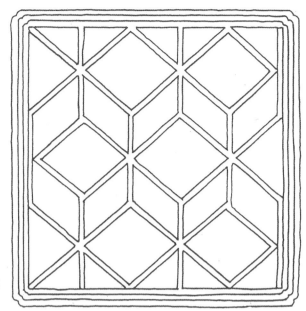

▶图 7-16
苏州东山干部招待所菱花漏窗

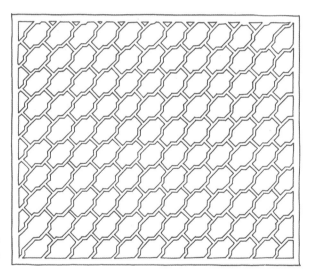

▶图 7-17
苏州怡园绦环漏窗

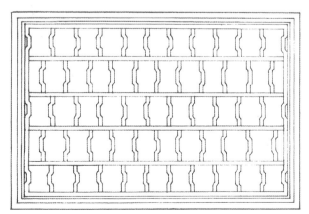

▶图 7-18
苏州耦园绦环漏窗

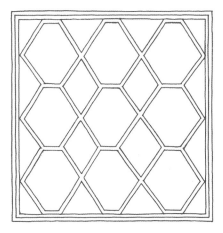

◀图 7-19
苏州狮子林套云方漏窗

◀图 7-20
苏州留园六角漏窗

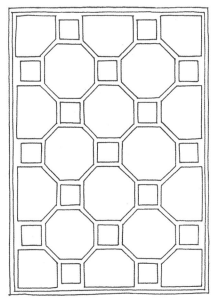

◀图 7-21
苏州拙政园八方漏窗

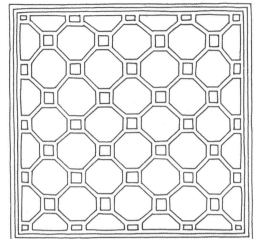

▶图 7-22
苏州耦园八方漏窗

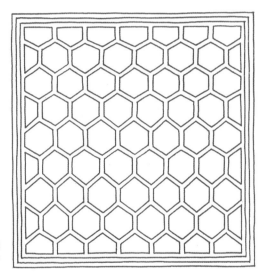

▶图 7-23
苏州西园龟背锦漏窗

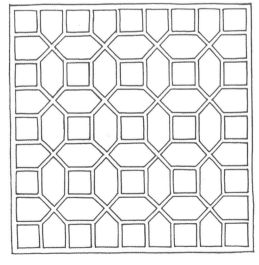

▶图 7-24
苏州狮子林套八方漏窗

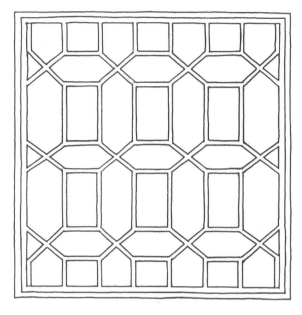

◀图 7-25
浙江盐官某宅八角景漏窗

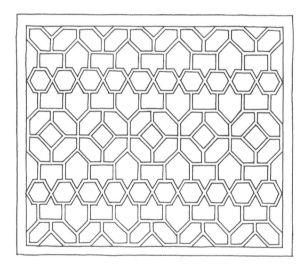

◀图 7-26
上海豫园镜光式漏窗

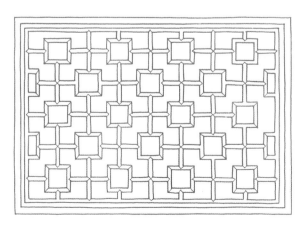

◀图 7-27
苏州耦园四方间十字漏窗

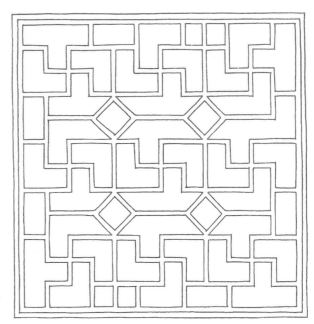

▶图 7—28
苏州东山疗养院宫式万川漏窗

▶图 7—29
苏州拙政园见山楼侧廊宫式万字漏窗

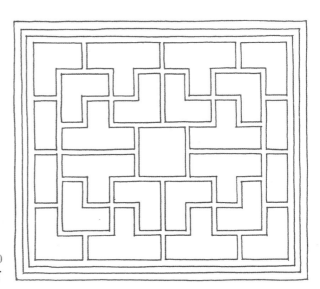

▶图 7—30
苏州天平山高义园宫式万字漏窗

◀图 7-31
苏州怡园斜万字漏窗

◀图 7-32
苏州沧浪亭斜万字漏窗

◀图 7-33
苏州东山疗养院宫式万字漏窗

▶ 图 7—34
苏州东山疗养院宫式万字漏窗

▶ 图 7—35
苏州西园回纹万字漏窗

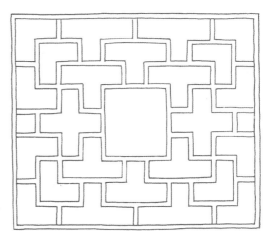

▶ 图 7—36
苏州拙政园宫式万字漏窗

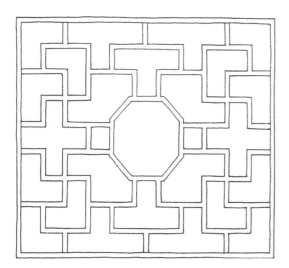

▲ 图 7—37
苏州拙政园宫式万字漏窗

▲ 图 7—38
苏州东山疗养院宫式万字漏窗

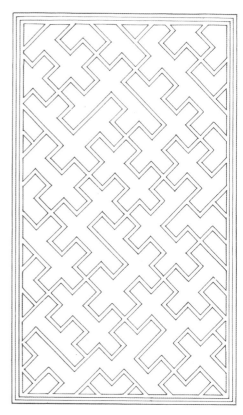

▲ 图 7—39
苏州东北街某宅宫式万字漏窗

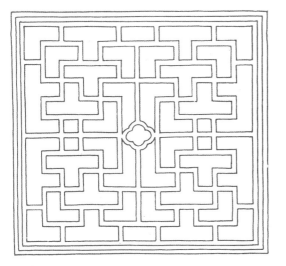

▲ 图 7-40
苏州留园宫式万字漏窗

▲ 图 7-41
苏州留园宫式万字漏窗

▲ 图 7-42
苏州天平山高义园宫式漏窗

◀图 7-43
苏州拙政园步步锦漏窗

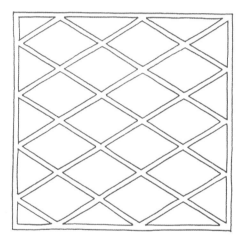

◀图 7-44
苏州拙政园漏窗

◀图 7-45
常熟兴福寺宫式万字漏窗

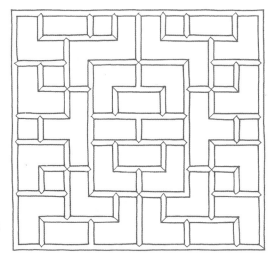

▶图 7-46
苏州耦园宫式万字漏窗

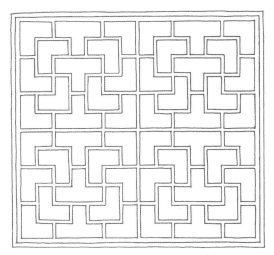

▶图 7-47
苏州怡园宫式万字漏窗

▶图 7-48
苏州西园宫式万字漏窗

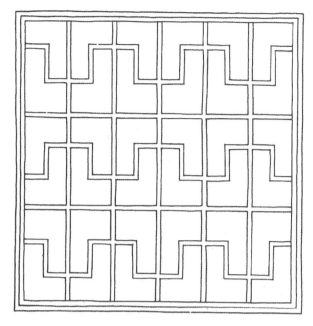

◀图 7-49
苏州古吴路兵役局横环式漏窗

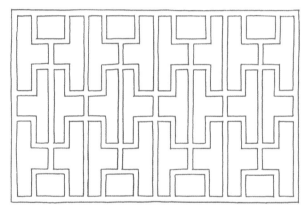

◀图 7-50
常熟维摩寺横环式漏窗

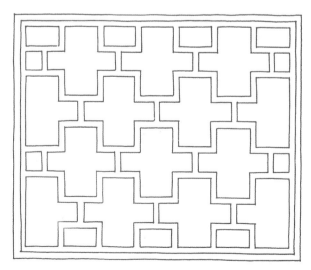

◀图 7-51
常熟兴福寺绦环式漏窗

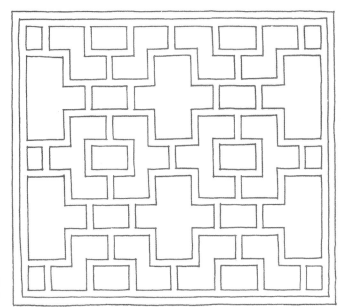

▶图 7–52
常熟宫式漏窗

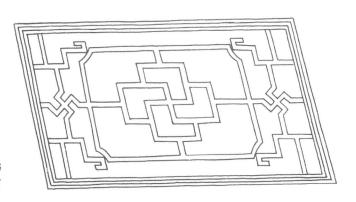

▶图 7–53
苏州拙政园葵式万字漏窗

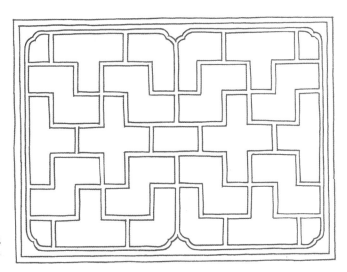

▶图 7–54
苏州东山光荣村滋德堂宫式万字漏窗

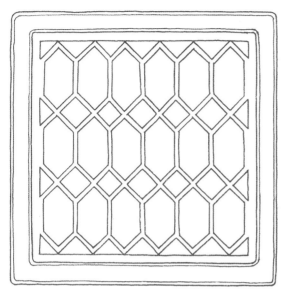

◀图 7-55
浙江海宁盐官某宅橄榄式漏窗

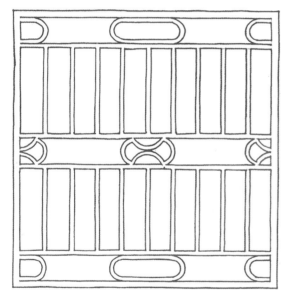

◀图 7-56
苏州动物园书条式漏窗

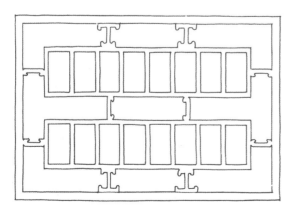

◀图 7-57
常熟某宅书条式漏窗

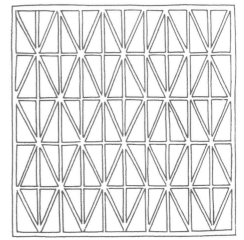

▶图 7–58
江苏盛泽某宅米字纹漏窗

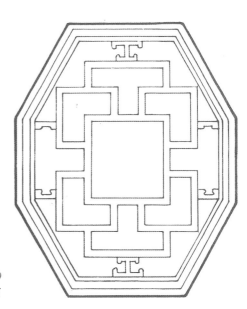

▶图 7–59
常熟某宅八方式漏窗

▶图 7–60
苏州东北街李宅波纹漏窗

◀图 7-61
苏州东北街李宅葵花漏窗

◀图 7-62
苏州东北街李宅葵花漏窗

◀图 7-63
苏州东北街李宅牡丹花漏窗

▶图 7-64
苏州狮子林葵花漏窗

▶图 7-65
苏州狮子林葵花漏窗

▶图 7-66
苏州狮子林葵花漏窗

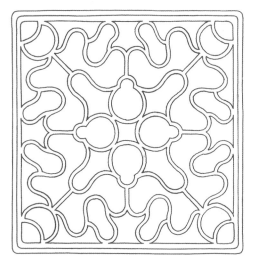

◀图 7-67
苏州狮子林吉祥花朵漏窗

◀图 7-68
苏州狮子林牡丹花漏窗

◀图 7-69
苏州怡园葵花漏窗

▶ 图 7-70
苏州狮子林四方如意海棠漏窗

▶ 图 7-71
苏州狮子林四季平安漏窗

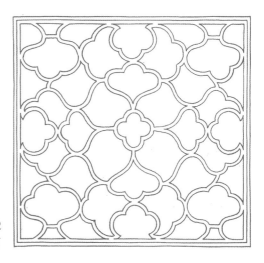

▶ 图 7-72
苏州狮子林牡丹花漏窗

◀图 7–73
苏州狮子林葵花漏窗

◀图 7–74
苏州狮子林葵花漏窗

◀图 7–75
苏州狮子林葵花漏窗

▶ 图 7-76
苏州狮子林牡丹花漏窗

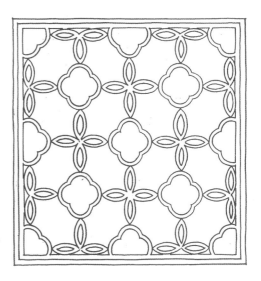

▶ 图 7-77
苏州狮子林芝花海棠漏窗

▶ 图 7-78
苏州狮子林凤凰牡丹漏窗

◀图 7-79
苏州东北街李宅葵花漏窗

◀图 7-80
苏州东北街李宅如意海棠漏窗

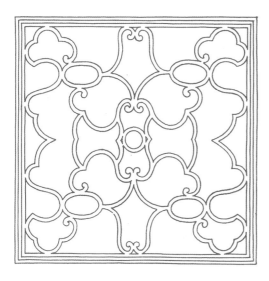

◀图 7-81
苏州东北街李宅如意漏窗

▶ 图 7-82
苏州东北街李宅葵花漏窗

▶ 图 7-83
苏州东北街李宅花漏窗

▶ 图 7-84
苏州东北街李宅牡丹花漏窗

◀图 7-85
苏州西园软脚万字海棠漏窗

◀图 7-86
苏州西园牡丹花漏窗

◀图 7-87
苏州西园葵花漏窗

▶图 7-88
苏州西园蝴蝶漏窗

▶图 7-89
苏州西园漏窗

▶图 7-90
苏州西园葵花漏窗

◀图 7-91
苏州西园葵花漏窗

◀图 7-92
苏州网师园花朵漏窗

◀图 7-93
苏州网师园如意漏窗

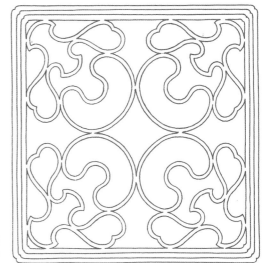

▶ 图 7-94
苏州网师园花篮漏窗

▶ 图 7-95
苏州网师园葵花漏窗

▶ 图 7-96
苏州网师园如意梅花漏窗

◀图 7-97
苏州东山疗养院软脚万字海棠漏窗

◀图 7-98
苏州东山宝和堂葵花漏窗

◀图 7-99
苏州东山古石巷洞庭旅馆蝴蝶漏窗

▶图 7-100
苏州东山古石巷洞庭旅馆富贵牡丹漏窗

▶图 7-101
苏州东山古石巷洞庭旅馆牡丹花漏窗

▶图 7-102
苏州寒山寺葵花漏窗

▲ 图 7-103
苏州寒山寺葫芦芝花漏窗

▲ 图 7-104
苏州虎丘芝花如意漏窗

▲ 图 7-105
苏州虎丘如意漏窗

▶图 7-106
苏州沧浪亭万字金鱼漏窗

▶图 7-107
苏州沧浪亭花朵漏窗

▶图 7-108
苏州留园五峰仙馆金鱼漏窗

◀图 7—109
苏州耦园旭日东升漏窗

◀图 7—110
苏州怡园花朵漏窗

◀图 7—111
苏州拙政园鸽子漏窗

▶图 7-112
苏州狮子林变软景海棠漏窗

▶图 7-113
苏州狮子林金钱九子漏窗

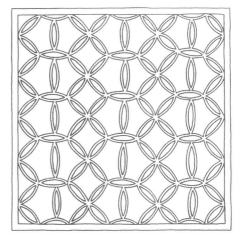

▶图 7-114
苏州狮子林变球门漏窗

◀图 7-115
苏州东北街李宅破月漏窗

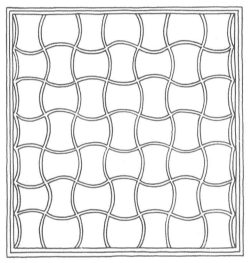

◀图 7-116
苏州东北街李宅软脚万字漏窗

◀图 7-117
苏州东北街李宅变九子漏窗

▶图 7-118
苏州东北街李宅漏窗

▶图 7-119
苏州东北街李宅漏窗

▶图 7-120
苏州东北街李宅波纹漏窗

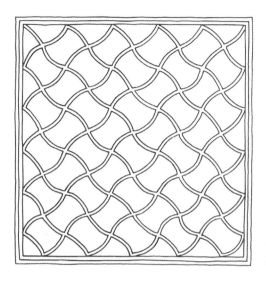

◀图 7-121
苏州东北街李宅波纹漏窗

◀图 7-122
苏州东北街李宅漏窗

◀图 7-123
苏州东北街李宅鱼鳞漏窗

▶ 图 7-124
苏州东北街李宅秋叶漏窗

▶ 图 7-125
苏州东山镇九子漏窗

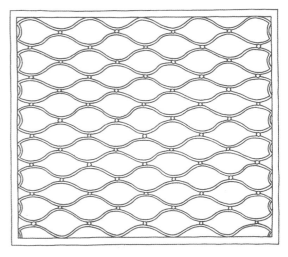

▶ 图 7-126
苏州东山松风馆波纹漏窗

▲图 7-127
苏州东山松风馆组合漏窗

▲图 7-128
苏州东山松风馆软景海棠漏窗

▲图 7-129
苏州东山镇软景海棠漏窗

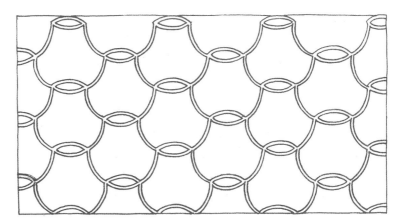

▲图 7—130
江苏青浦变软景海棠漏窗

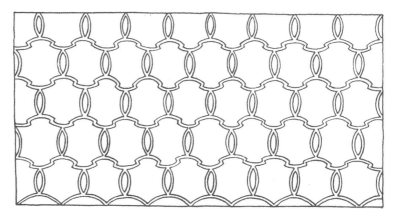

▲图 7—131
江苏青浦变软景海棠漏窗

▲图 7—132
无锡变套钱漏窗

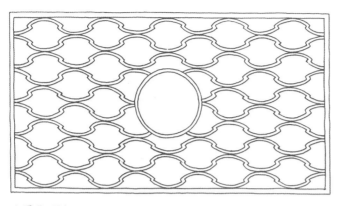

▲图 7–133
无锡蠡园绦环漏窗

▲图 7–134
无锡蠡园九子漏窗

▲图 7–135
无锡蠡园变波纹漏窗

▶图 7-136
无锡蠡园波纹漏窗

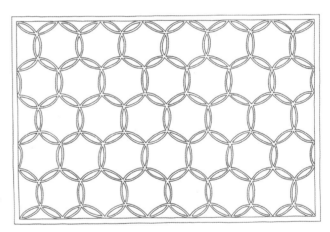

▶图 7-137
无锡蠡园球门漏窗

▶图 7-138
无锡蠡园变球门漏窗

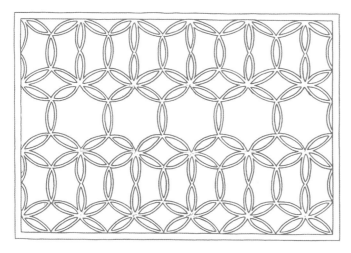

◀图 7–139
无锡蠡园变球门漏窗

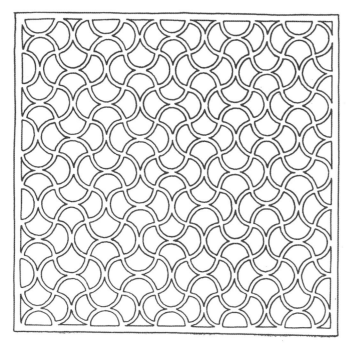

◀图 7–140
无锡蠡园波纹漏窗

◀图 7–141
浙江盐官变海棠漏窗

▲ 图 7-142
浙江盐官金钱风车漏窗

▲ 图 7-143
浙江盐官变鱼鳞漏窗

▲ 图 7-144
上海青浦鱼鳞漏窗

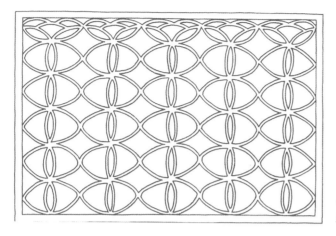

◀图 7-145
无锡破橄榄漏窗

◀图 7-146
无锡蠡园变鱼鳞漏窗

◀图 7-147
无锡变套钱漏窗

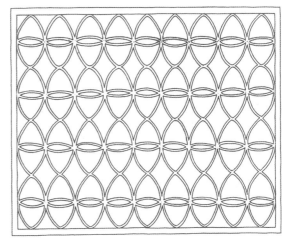

▶ 图 7-148
无锡破橄榄漏窗

▶ 图 7-149
无锡变球门漏窗

▶ 图 7-150
无锡变球门漏窗

◀图 7-151
无锡蠡园秋叶漏窗

◀图 7-152
无锡蠡园冰片漏窗

◀图 7-153
上海青浦变球门漏窗

▲图 7-154
上海青浦变软景海棠漏窗

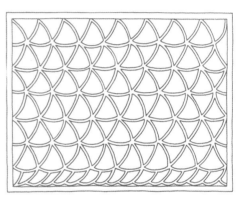

▲图 7-155
无锡变鱼鳞漏窗

▲图 7-156
无锡变球门漏窗

◀图 7-157
苏州狮子林鱼鳞漏窗

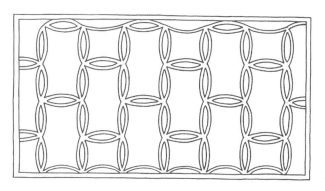

◀图 7-158
无锡蠡园变球门漏窗

◀图 7-159
无锡蠡园漏窗

▶ 图 7-160
无锡蠡园变鱼鳞漏窗

▶ 图 7-161
无锡蠡园变芝花组合漏窗

▶ 图 7-162
无锡蠡园软景海棠漏窗

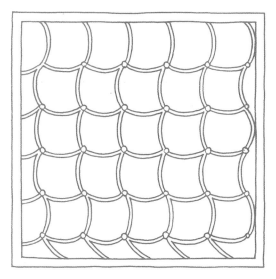

◀图 7-163
苏州虎丘鱼鳞漏窗

◀图 7-164
无锡变软脚万字漏窗

◀图 7-165
无锡曲线组合漏窗

▲图 7—166
无锡变软景海棠漏窗

▲图 7—167
无锡变套钱漏窗

▲图 7—168
无锡变球门漏窗

▲图 7-169
无锡鱼鳞漏窗

▲图 7-170
苏州狮子林九子漏窗

▲图 7-171
无锡变软景海棠漏窗

▲图 7-172
无锡变橄榄漏窗

▲图 7-173
无锡混合式漏窗

▲图 7-174
无锡鱼鳞漏窗

▲图 7-175
无锡变芝花漏窗

▲图 7-176
无锡变鱼鳞漏窗

▲图 7-177
无锡九子漏窗

▶图 7—178
苏州东山金钱九子漏窗

▶图 7—179
苏州狮子林破月漏窗

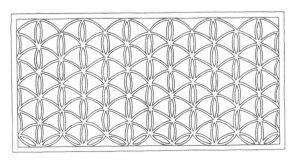

▶图 7—180
无锡长大弄 2 号变鱼鳞漏窗

◀图 7—181
无锡变破月漏窗

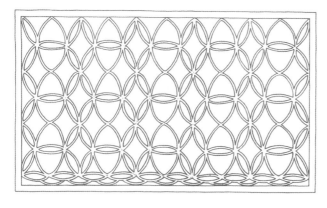

◀图 7—182
无锡变球门漏窗

◀图 7—183
无锡惠山下河塘套钱漏窗

▶图 7-184
无锡人民路变破月漏窗

▶图 7-185
无锡车轮漏窗

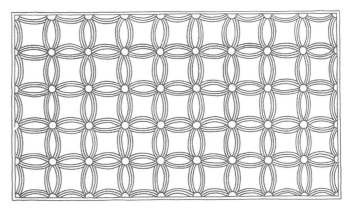

▶图 7-186
常熟兴福寺套钱漏窗

◀图 7—187
无锡长大弄 2 号变波纹漏窗

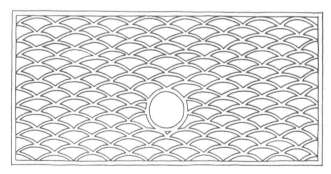

◀图 7—188
无锡某宅鱼鳞漏窗

◀图 7—189
浙江盐官某宅变套钱漏窗

▲图 7-190
苏州沧浪亭藕花水榭漏窗

▲图 7-191
苏州铁瓶巷任宅贝叶漏窗

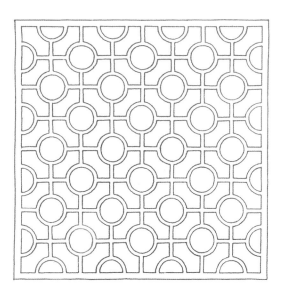

▲图 7–192
上海豫园九子漏窗

▲图 7–193
上海豫园九子漏窗

◀图 7–194
苏州东北街李宅万字嵌蝙蝠漏窗

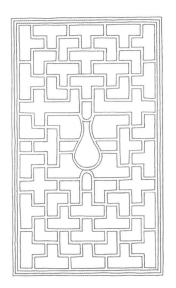

▲ 图 7-195
苏州东北街李宅宫式万字漏窗

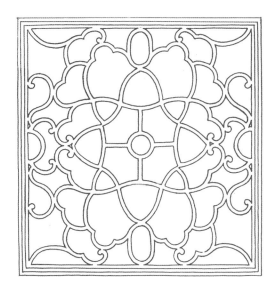

▲ 图 7-196
苏州东北街李宅葵花漏窗

▶ 图 7-197
苏州东北街李宅万寿如意漏窗

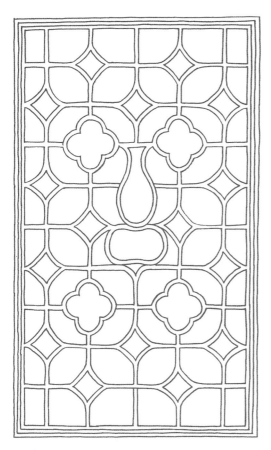

▲ 图 7-198
苏州东北街李宅四季平安漏窗

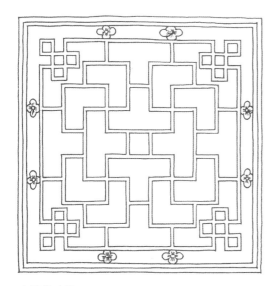

▲ 图 7-199
苏州东山疗养院宫式万字漏窗

▲ 图 7-200
苏州东山疗养院葵式如意漏窗

▶图 7-201
苏州东山疗养院万寿如意漏窗

▶图 7-202
苏州东山万寿海棠漏窗

▶图 7-203
苏州天平山高义园牡丹花漏窗

◀图 7-204
苏州灵岩寺葵花漏窗

◀图 7-205
苏州天平山高义园葵花漏窗

◀图 7-206
苏州灵岩寺花朵漏窗

▶图 7-207
苏州天平山花朵漏窗

▶图 7-208
苏州东山万寿组合漏窗

▶图 7-209
苏州天平山高义园漏窗

◀图 7-210
苏州天平山高义园四季平安漏窗

◀图 7-211
苏州天平山高义园芝花海棠漏窗

◀图 7-212
苏州天平山高义园花朵漏窗

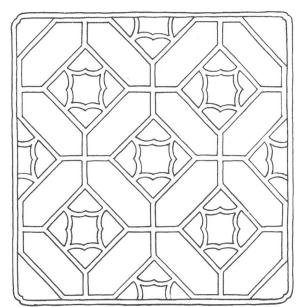

▶图 7—213
苏州东山干部招待所八角灯锦漏窗

▶图 7—214
苏州东山杨湾某宅四方灯景漏窗

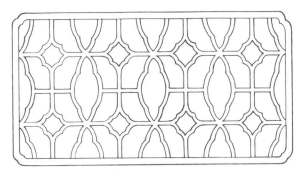

▶图 7—215
苏州东山杨湾某宅海棠葵花漏窗

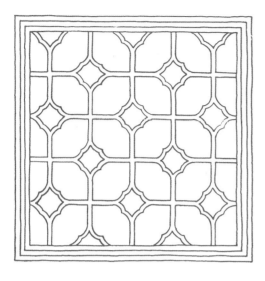

◀图 7-216
苏州东山干部招待所灯景漏窗

◀图 7-217
苏州东山疗养院万字如意漏窗

◀图 7-218
苏州东山疗养院盘长寿字漏窗

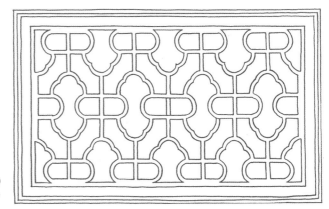

▶图 7–219
苏州东山御书楼灯景漏窗

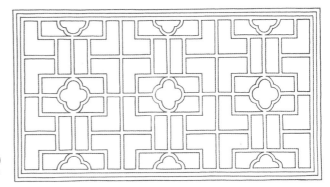

▶图 7–220
苏州天平山某宅灯景海棠漏窗

▶图 7–221
苏州寒山寺蝴蝶漏窗

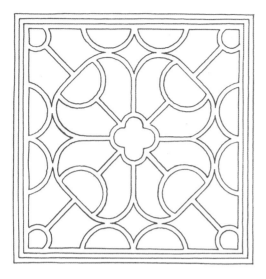

◀图 7-222
苏州寒山寺葵花漏窗

◀图 7-223
苏州寒山寺花朵漏窗

◀图 7-224
苏州寒山寺芝花海棠漏窗

▶图 7-225
苏州寒山寺花朵漏窗

▶图 7-226
苏州寒山寺花漏窗

▶图 7-227
苏州寒山寺葵花漏窗

◀图 7-228
苏州寒山寺百合花漏窗

◀图 7-229
苏州网师园花篮漏窗

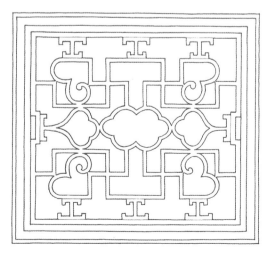

◀图 7-230
苏州网师园葵式万川漏窗

►图 7-231
苏州网师园万字嵌芝花漏窗

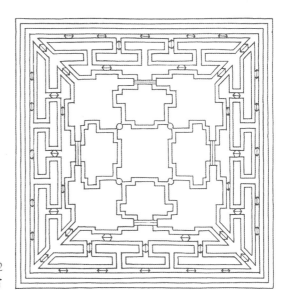

►图 7-232
苏州网师园插角乱纹漏窗

►图 7-233
苏州网师园万字蝙蝠漏窗

◀图 7-234
苏州网师园双鱼吉庆漏窗

◀图 7-235
苏州网师园葵花漏窗

◀图 7-236
苏州网师园花篮漏窗

▶图 7—237
苏州网师园冰穿梅花漏窗

▶图 7—238
苏州网师园蝴蝶花篮漏窗

▶图 7—239
苏州网师园平安如意漏窗

◀图 7-240
苏州东山疗养院寿字漏窗

◀图 7-241
苏州网师园万字如意漏窗

◀图 7-242
苏州西园宫式万川漏窗

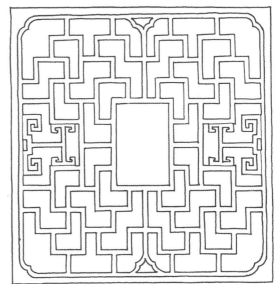

▶图 7-243
苏州网师园葵式万字漏窗

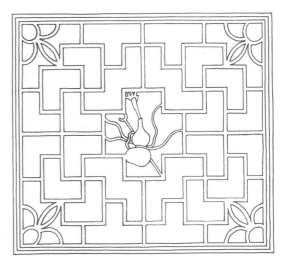

▶图 7-244
苏州沧浪亭宫式万川嵌暗八仙漏窗

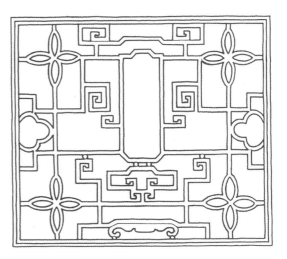

▶图 7-245
苏州沧浪亭葵式芝花漏窗

◀图 7-246
苏州沧浪亭芝花海棠漏窗

◀图 7-247
苏州沧浪亭葵式嵌花篮漏窗

◀图 7-248
苏州沧浪亭丹凤海棠漏窗

▶图 7-249
苏州沧浪亭葵花漏窗

▶图 7-250
苏州沧浪亭万字海棠漏窗

▶图 7-251
苏州沧浪亭冰纹秋叶漏窗

◀图 7-252
苏州沧浪亭宫式万字漏窗

◀图 7-253
苏州沧浪亭葵花漏窗

◀图 7-254
苏州沧浪亭海棠芝花灯景漏窗

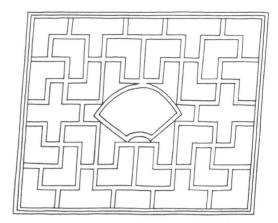

▶图 7-255
苏州沧浪亭宫式万川漏窗

▶图 7-256
苏州狮子林万字如意漏窗

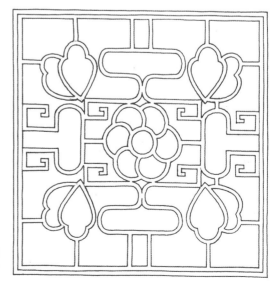

▶图 7-257
苏州狮子林转心梅花漏窗

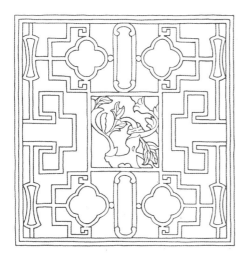

◀ 图 7-258
苏州狮子林葵式嵌海棠漏窗

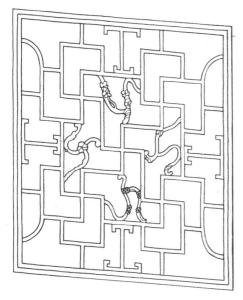

◀ 图 7-259
苏州狮子林葵式万川漏窗

◀ 图 7-260
苏州狮子林葵式嵌花篮漏窗

▶ 图 7-261
苏州狮子林葵式穿梅花漏窗

▶ 图 7-262
苏州狮子林葵式漏窗

▶ 图 7-263
苏州狮子林宫式如意漏窗

◀图 7-264
苏州狮子林葵式如意漏窗

◀图 7-265
苏州狮子林葵式芝花漏窗

◀图 7-266
苏州狮子林夔式嵌芝花漏窗

▶图 7-267
苏州狮子林葵式万寿漏窗

▶图 7-268
苏州狮子林寿字如意漏窗

▶图 7-269
苏州狮子林万字蝙蝠式漏窗

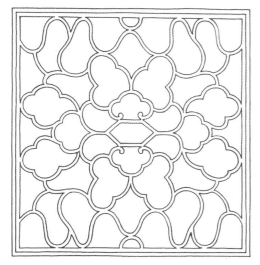

◀图 7-270
苏州狮子林如意牡丹漏窗

◀图 7-271
苏州狮子林冰穿梅花漏窗

◀图 7-272
苏州狮子林万川海棠漏窗

▶图 7-273
苏州狮子林海棠漏窗

▶图 7-274
苏州狮子林如意海棠漏窗

▶图 7-275
苏州狮子林万字如意漏窗

◀图 7-276
苏州狮子林回文万字漏窗

◀图 7-277
苏州狮子林夔式漏窗

◀图 7-278
苏州虎丘葵花漏窗

▲图 7-279
苏州西园漏窗

▲图 7-280
苏州西园葵花漏窗

▶图 7-281
苏州西园寿字漏窗

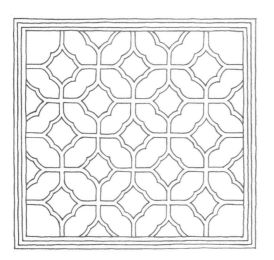

▲图 7-282
苏州留园十字菱花漏窗

▲图 7-283
苏州留园八角灯锦漏窗

◀图 7-284
苏州耦园八方式漏窗

▶图 7-285
苏州耦园葵式如意漏窗

▶图 7-286
苏州耦园盘长海棠漏窗

▶图 7-287
苏州耦园四方如意漏窗

◀图 7-288
苏州耦园葵式蝙蝠漏窗

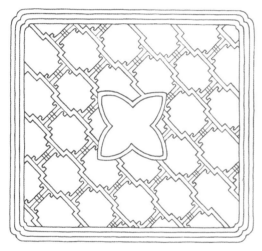

◀图 7-289
苏州耦园绦环漏窗

◀图 7-290
苏州拙政园葵式海棠漏窗

▶ 图 7—291
苏州拙政园牡丹芝花漏窗

▶ 图 7—292
苏州拙政园花篮漏窗

▶ 图 7—293
苏州拙政园蝴蝶漏窗

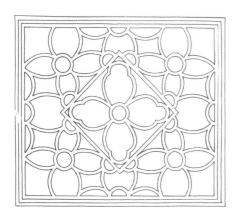

▲图 7-294
苏州拙政园芝花海棠漏窗

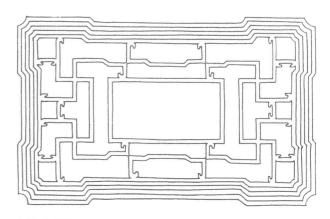

▲图 7-295
苏州卫道观前潘宅葵式万字漏窗

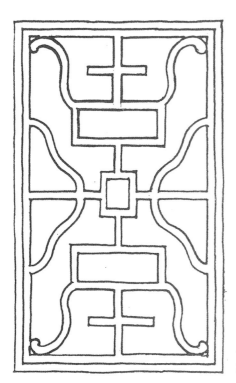

◀图 7-296
苏州拙政园寿字漏窗

▶图 7-297
苏州拙政园花朵漏窗

▶图 7-298
苏州拙政园双喜临门漏窗

▶图 7-299
苏州拙政园如意漏窗

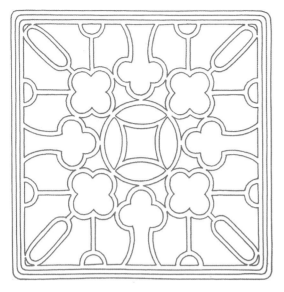

◀图 7—300
苏州拙政园金钱海棠漏窗

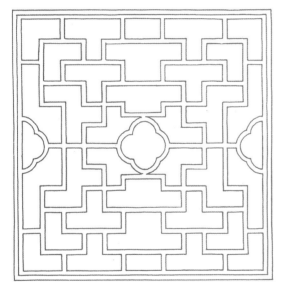

◀图 7—301
苏州拙政园万字海棠漏窗

◀图 7—302
苏州拙政园芝花海棠漏窗

▶图 7-303
苏州拙政园十字海棠漏窗

▶图 7-304
苏州拙政园六角海棠漏窗

▶图 7-305
苏州怡园灯景海棠漏窗

◀图 7-306
苏州怡园插角葵花漏窗

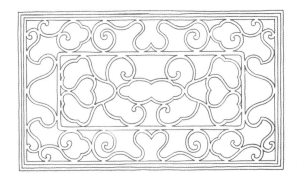

◀图 7-307
苏州怡园如意漏窗

◀图 7-308
浙江海宁盐官镇某宅芝花漏窗

▶图 7-309
苏州留园变球门漏窗

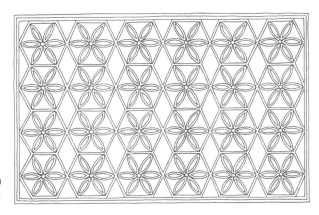

▶图 7-310
浙江海宁盐官镇某宅套六角漏窗

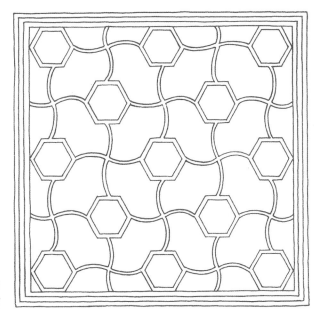

▶图 7-311
苏州昌善局万字六角漏窗

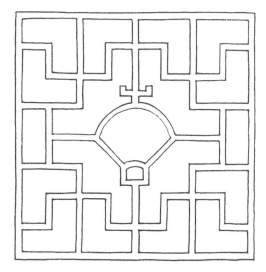

◀图 7-312
苏州鹤园葵式漏窗

◀图 7-313
苏州鹤园海棠漏窗

◀图 7-314
苏州鹤园宫式金钱漏窗

▲ 图 7-315
苏州鹤园芝花万字漏窗

▲ 图 7-316
上海动物园八角灯景漏窗

▲ 图 7-317
苏州吴江同里镇某宅灯景漏窗

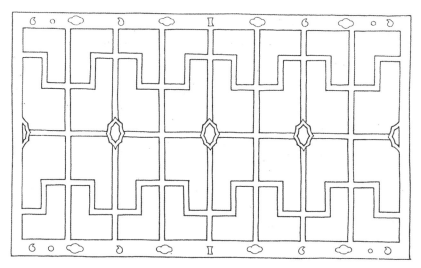

▲图 7-318
苏州忠王府十字灯景漏窗

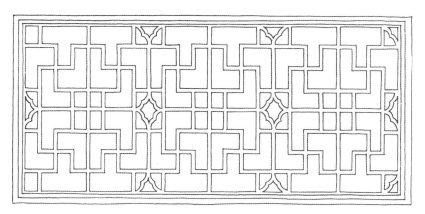

▲图 7-319
常熟师范学院宫式万字漏窗

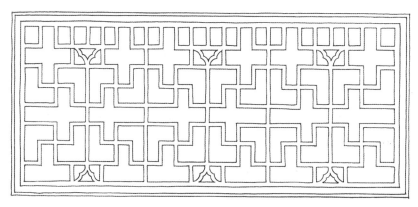

▲图 7-320
常熟师范学院宫式万字漏窗

▶图 7-321
苏州东北街李宅宫式万字漏窗

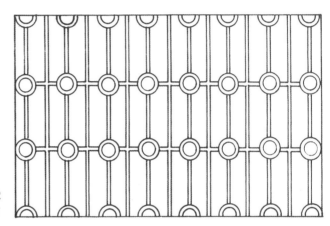

▶图 7-322
苏州纽家巷英王府书条漏窗

▶图 7-323
苏州狮子林万字蝙蝠漏窗

◀ 图 7-324
苏州虎丘双喜字漏窗

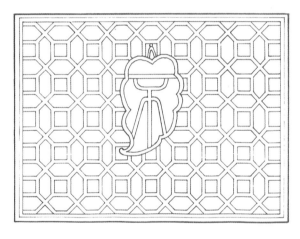

◀ 图 7-325
苏州吴江同里镇某宅漏窗

◀ 图 7-326
苏州王洗马巷万宅万字海棠漏窗

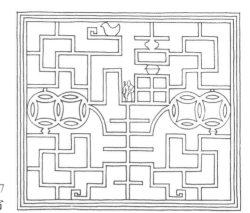

▶图 7-327
苏州王洗马巷万宅万寿套钱漏窗

▶图 7-328
苏州灵岩寺四方如意漏窗

▶图 7-329
苏州灵岩寺蝴蝶漏窗

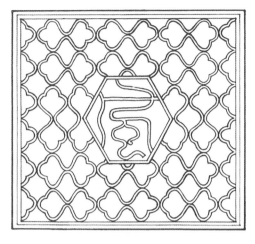

◀图 7-330
苏州吴江同里镇海棠漏窗

◀图 7-331
苏州吴江同里镇万不断漏窗

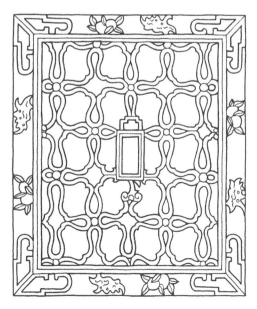

◀图 7-332
无锡锡惠公园插角如意漏窗

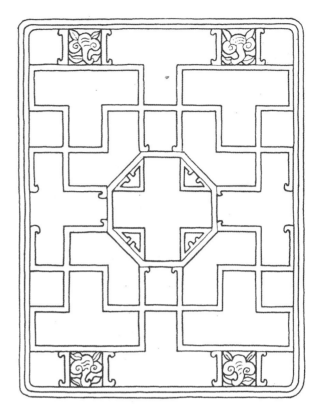

▲图 7-333
无锡某宅葵式万字漏窗

▲图 7-334
苏州拙政园海棠芝花漏窗

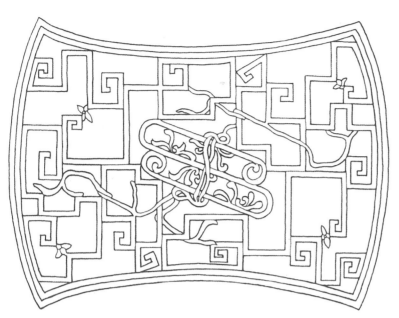

▲图 7-335
苏州狮子林琴棋书画（画）漏窗

▲图 7-336
苏州狮子林琴棋书画（书）漏窗

▲图 7-337
苏州狮子林琴棋书画（棋）漏窗

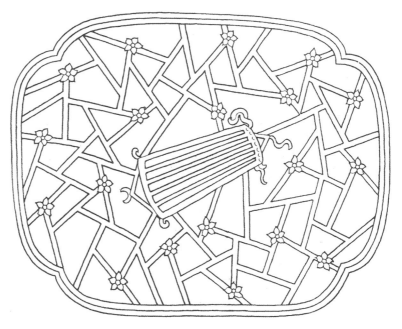

▲图 7-338
苏州狮子林琴棋书画（琴）漏窗

▲ 图 7-339
苏州狮子林藤茎葫芦漏窗

▲ 图 7-340
苏州狮子林葡萄如意漏窗

▲ 图 7-341
苏州狮子林漏窗

▲ 图 7-342
苏州沧浪亭石榴漏窗

▲图 7-343
浙江天台石雕漏窗

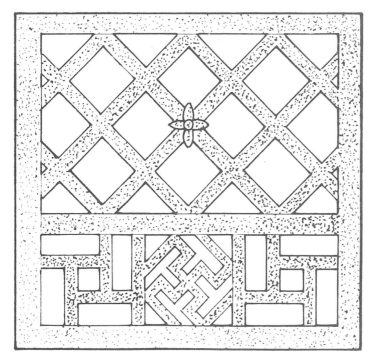

▲图 7-344
浙江天台石雕漏窗

▲ 图 7-345
苏州留园古木交柯漏窗

▲ 图 7-346
苏州留园漏窗及墙影

▲图 7-347
苏州留园漏窗及墙影

▲图 7-348
苏州狮子林游廊漏窗

▲图 7-349
苏州怡园漏窗

▲图 7-350
苏州东山刘宅御书楼漏窗

▲图 7—351
苏州沧浪亭漏窗

▲图 7—352
苏州狮子林水上漏窗

▲图 7-353
上海豫园墙上漏窗

▲图 7-354
苏州西园跨水云墙漏窗

▲图 7-355
江苏吴县民居围墙漏窗

▲图 7-356
浙江湖州王家坪 3 号外墙漏窗

▲ 图 7-357
苏州工艺美术研究所高墙漏窗

▲ 图 7-358
浙江南浔运河下塘某宅天井漏窗

▲图 7-359
浙江南浔皇御河陈宅大厅天井隔墙漏窗

▲图 7-360
浙江鄞县新乐乡蒋宅隔墙漏窗

▲图 7-361
苏州网师园漏窗

▲图 7-362
上海天灯弄 77 号郭宅漏窗

▲图 7-363
上海豫园漏窗

▲图 7-364
绍兴鲁迅路老台门东廊漏窗

▲图 7-365
绍兴鲁迅路周宅后花园侧院漏窗

▲图 7-366
杭州某宅木雕漏窗

▲图 7-367
绍兴老台门石漏窗

▲图 7-368
绍兴三财殿前某宅石漏窗

▲图 7-369
浙江镇海树行街石漏窗

▲图 7-370
浙江镇海树行街某宅石漏窗

◀图 7-371
杭州三潭印月曲径通幽泥塑漏窗

◀图 7-372
杭州三潭印月曲径通幽泥塑漏窗

◀图 7-373
杭州三潭印月曲径通幽泥塑漏窗

▶图 7-374
杭州三潭印月闲放台泥塑漏窗

▶图 7-375
杭州三潭印月闲放台泥塑漏窗

▶图 7-376
苏州东山雕花楼泥塑漏窗

◀图 7—377
杭州三潭印月泥塑漏窗

◀图 7—378
浙江南浔镇人委泥塑漏窗

◀图 7—379
浙江南浔镇人委泥塑漏窗

▶图 7—380
宁波穆家巷 174 号某宅漏窗

▶图 7—381
无锡寄畅园琉璃漏窗

▶图 7—382
浙江南浔小莲庄廊桥铁漏窗

◀图 7-383
无锡蠡园琉璃漏窗

◀图 7-384
苏州怡园漏窗

▶图 7-385
苏州灵岩寺漏窗

▶图 7-386
江苏吴江同里镇漏窗

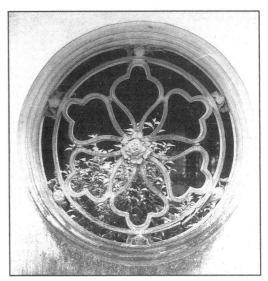

▶图 7-387
苏州西园漏窗

◀图 7-388
苏州灵岩寺大雄宝殿漏窗

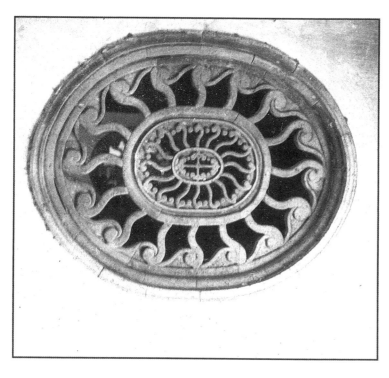

◀图 7-389
苏州新桥巷某宅漏窗

▲图 7-390
苏州留园漏窗

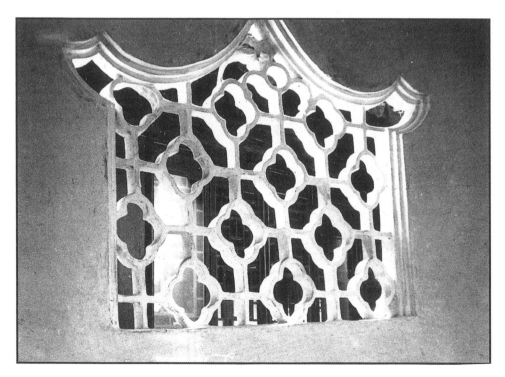

▲图 7-391
苏州沧浪亭漏窗

◀图 7-392
江苏吴江同里镇漏窗

◀图 7-393
苏州拙政园水廊漏窗

▶图 7—394
苏州拙政园水廊漏窗

▶图 7—395
苏州拙政园南轩漏窗

◀图 7—396
苏州留园漏窗

◀图 7—397
苏州拙政园东入口漏窗

▶ 图 7-398
苏州拙政园漏窗

▶ 图 7-399
苏州怡园漏窗

◀图 7-400
苏州留园漏窗

◀图 7-401
上海松江泗泾乡某宅漏窗

▶图 7-402
苏州拙政园漏窗

▶图 7-403
苏州耦园漏窗

◀图 7-404
苏州某园漏窗

◀图 7-405
苏州留园漏窗

▶图 7-406
苏州留园五峰仙馆漏窗

▶图 7-407
苏州拙政园漏窗

◀ 图 7-408
苏州拙政园漏窗

◀ 图 7-409
苏州拙政园漏窗

▶ 图 7-410
苏州拙政园漏窗

▶ 图 7-411
苏州拙政园漏窗

◀图 7-412
苏州西园漏窗

◀图 7-413
苏州拙政园漏窗

▶图 7-414
苏州西园漏窗

▶图 7-415
苏州寒山寺漏窗

◀图 7-416
苏州留园漏窗

◀图 7-417
苏州留园漏窗

▲图 7-418
苏州拙政园远香堂漏窗

▲图 7-419
苏州灵岩寺漏窗

▲图 7-420
苏州拙政园漏窗

◀图 7-421
苏州拙政园漏窗

◀图 7-422
苏州狮子林立雪堂漏窗

▶图 7-423
苏州拙政园玉兰堂漏窗

▶图 7-424
苏州留园还我读书处漏窗

◀图 7-425
苏州拙政园枇杷园漏窗

◀图 7-426
苏州拙政园漏窗

▶ 图 7-427
苏州拙政园漏窗

▶ 图 7-428
苏州留园漏窗

◀图 7-429
苏州拙政园漏窗

◀图 7-430
苏州某园冰穿梅花漏窗

▶图 7-431
苏州狮子林漏窗

▶图 7-432
上海内园漏窗

◀图 7-433
苏州留园北廊漏窗

◀图 7-434
苏州耦园漏窗

▲图 7-435
苏州沧浪亭漏窗

▲图 7-436
苏州留园清风池馆漏窗

◀图 7-437
苏州留园漏窗

◀图 7-438
苏州拙政园漏窗

▶图 7-439
苏州耦园漏窗

▶图 7-440
上海市内园漏窗

▲图 7-441
上海市内园漏窗

▲图 7-442
苏州狮子林漏窗

▲图 7-443
苏州狮子林漏窗

▲图 7-444
苏州狮子林漏窗

◀图 7-445
苏州狮子林漏窗

◀图 7-446
苏州狮子林漏窗

▲图 7-447
苏州狮子林琴棋漏窗

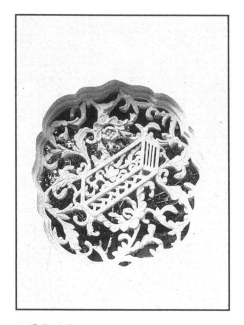

▲图 7-448
苏州狮子林书漏窗

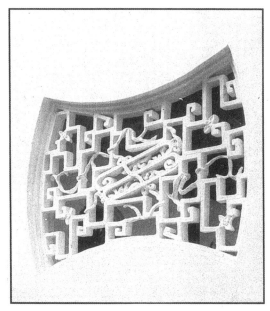

▲图 7-449
苏州狮子林画漏窗

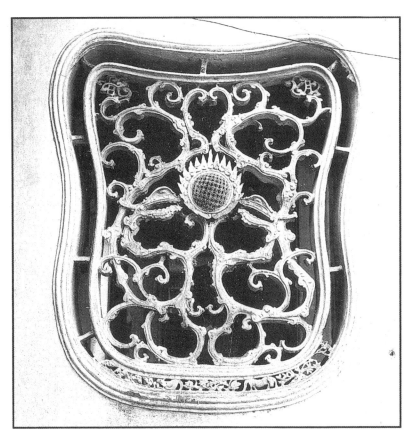

◀图 7-450
江苏太仓亦园漏窗

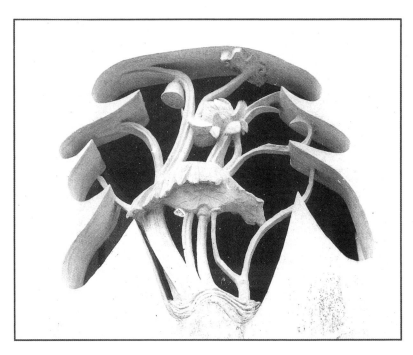

◀图 7-451
苏州沧浪亭荷花漏窗

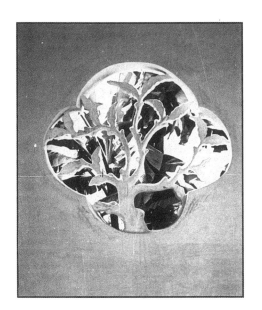

▲图 7-452
苏州沧浪亭漏窗

▲图 7-453
苏州沧浪亭漏窗

▲图 7-454
江苏太仓亦园葫芦漏窗

◀图 7-455
苏州耦园漏窗

◀图 7-456
上海内园漏窗

▲图 7-457
扬州个园漏窗

▲图 7-458
扬州住宅漏窗

▲图 7-459
扬州小金山漏窗

▲图 7-460
扬州某宅漏窗

▲图 7-461
扬州史公祠漏窗

▲图 7-462
扬州某宅漏窗

▲图 7-463
苏州某园直长漏窗

▲图 7-464
苏州忠王府高墙漏窗

▲图 7-465
苏州忠王府高墙漏窗

▲图 7-466
苏州东山干部招待所漏窗

◀图 7-467
南京胭脂巷李宅漏窗

◀图 7-468
扬州何园漏窗

▲图 7-469
苏州留园曲谿楼洞门及漏窗

▲图 7-470
苏州沧浪亭游廊漏窗

▲图 7–471
苏州留园庭院漏窗

▲图 7–472
苏州西园庭院漏窗

▲图 7-473
浙江余姚慈城某宅石雕漏窗

▲图 7-474
浙江余姚慈城某宅石雕漏窗

图录
·
8 铺地

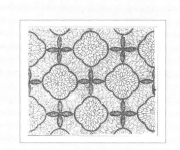

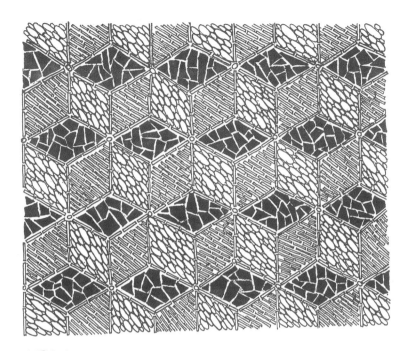

▲图 8-1
苏州留园菱花铺地

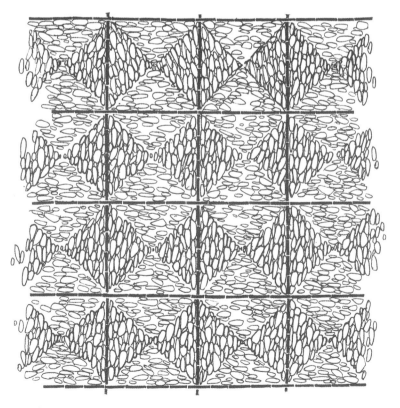

▲图 8-2
苏州留园铺地

▲图 8—3
苏州留园八方橄榄铺地

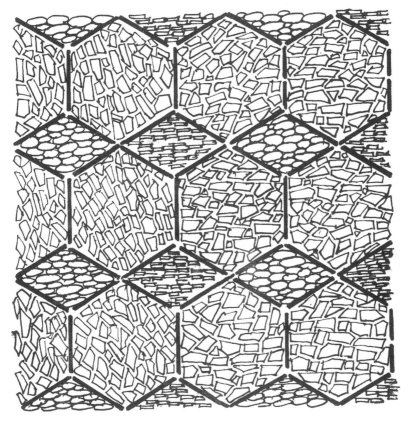

▲图 8—4
苏州网师园六角橄榄景铺地

▲图 8—5
苏州某园八方橄榄景铺地

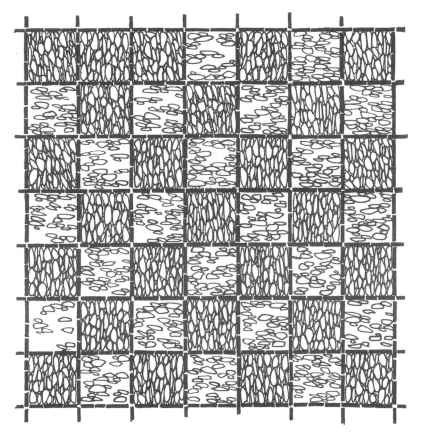

▲图 8—6
常熟某宅卵石铺地

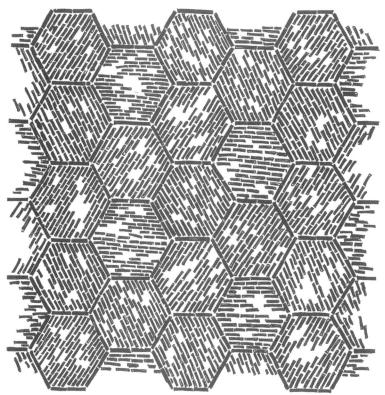

◀图 8-7
无锡寄畅园灰砖铺地

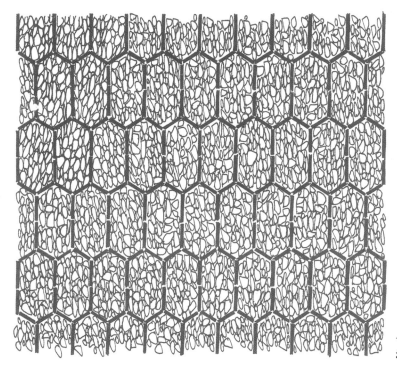

◀图 8-8
江苏震泽某宅卵石铺地

▶图 8-9
湖州某宅游园六角景铺地

▶图 8-10
无锡寄畅园灰砖长八方铺地

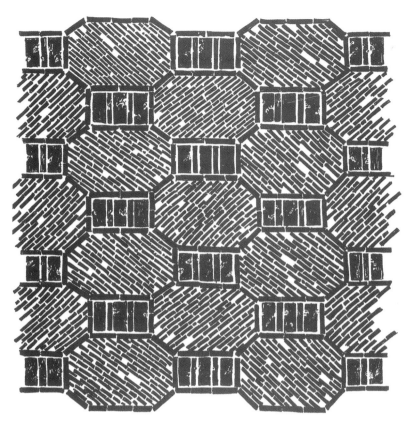

◀图 8-11
无锡寄畅园青砖长八方铺地

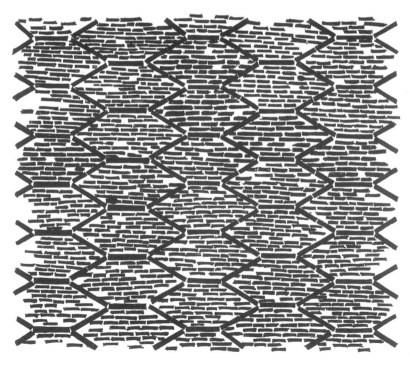

◀图 8-12
无锡寄畅园青砖橄榄铺地

▲图 8-13
苏州狮子林金钱海棠铺地

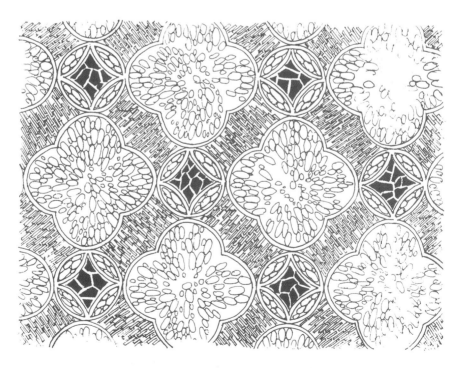

▲图 8-14
苏州狮子林金钱海棠铺地

▲图 8-15
苏州狮子林金钱海棠铺地

▲图 8-16
苏州留园金钱转心海棠铺地

▲图 8-17
苏州留园芝花海棠铺地

▲图 8-18
苏州留园万字海棠铺地

▲图 8—19
浙江湖州某宅套钱铺地

▲图 8—20
嘉兴人民公园海棠景铺地

▲图 8-21
苏州留园金钱十字铺地

▲图 8-22
苏州留园冰穿梅花铺地

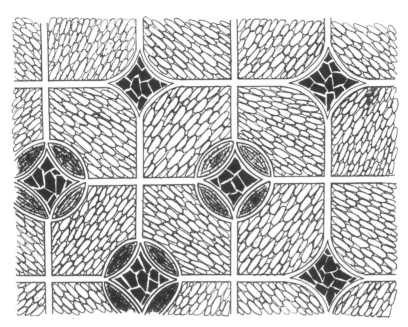

▲图 8-23
苏州狮子林套方金钱铺地

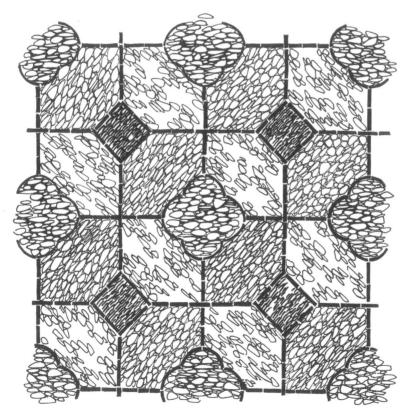

▲图 8-24
苏州网师园四方海棠铺地

▲图 8—25
苏州网师园十字海棠铺地

▲图 8—26
海宁、嘉定铺地纹样

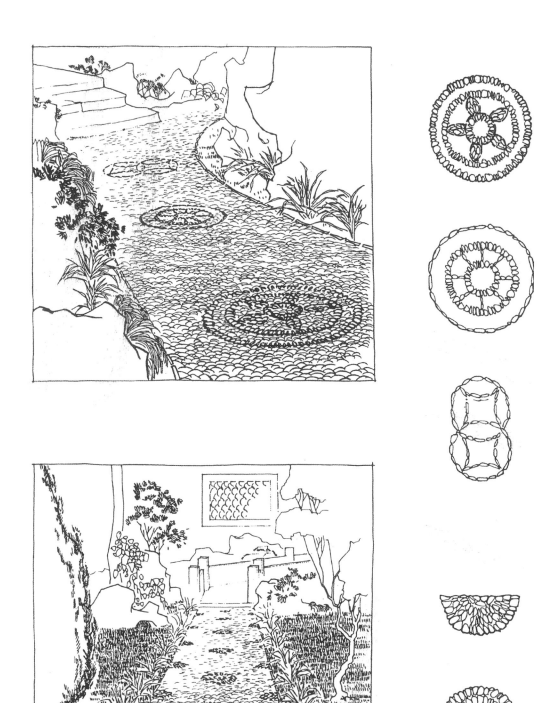

▲图 8-27
杭州文澜阁前铺地

▲图 8—28
浙江天台民居卵石地

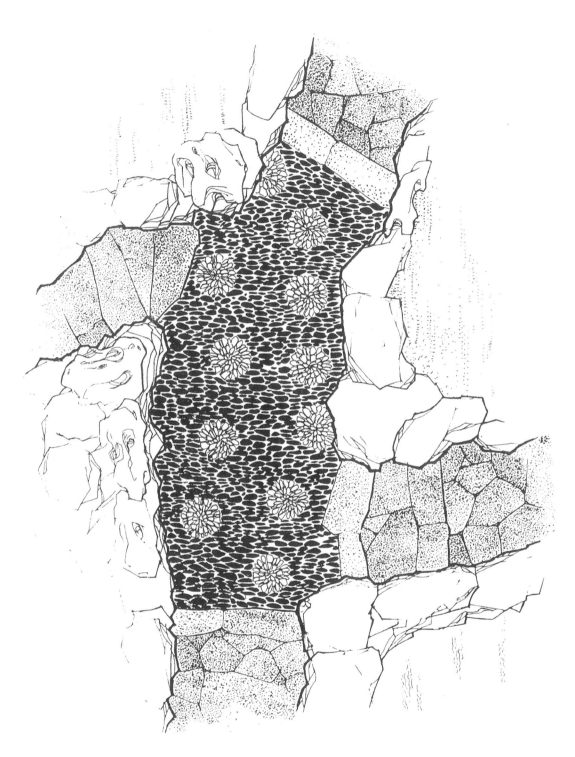

▲图 8-29
苏州留园假山上铺地

▶图 8-30
苏州拙政园人字纹铺地

▶图 8-31
苏州拙政园斗纹铺地

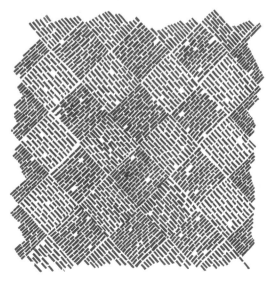

▶图 8-32
苏州网师园青砖间方铺地

▲ 图 8-33
杭州孤山四照阁前铺地

▲图 8-34
苏州狮子林燕誉堂前庭院铺地透视

▲ 图 8-35
苏州留园东园 2 号入口铺地

▲ 图 8-36
苏州留园东园 3 号入口鹤鹿同春铺地

▲图 8—37
苏州留园东园 3 号入口三种铺地

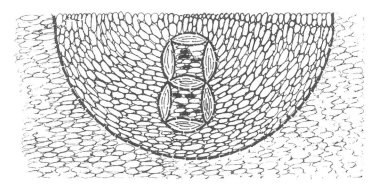

▶图 8—38
苏州留园 4 号入口套钱铺地

▶图 8—39
苏州留园 4 号入口宝剑和书铺地

◀图 8-40
苏州留园 4 号入口五蝠捧寿铺地

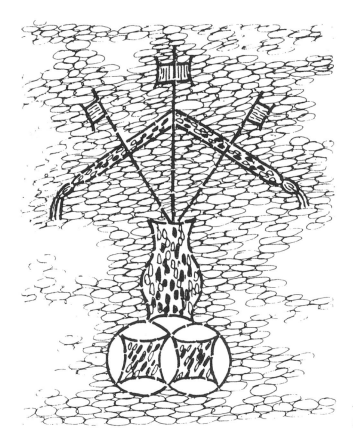

◀图 8-41
苏州留园 5 号入口平升三级铺地

▲图 8-42
苏州留园东园吉祥纹样铺地

▲图 8-43
苏州留园东园吉祥纹样铺地

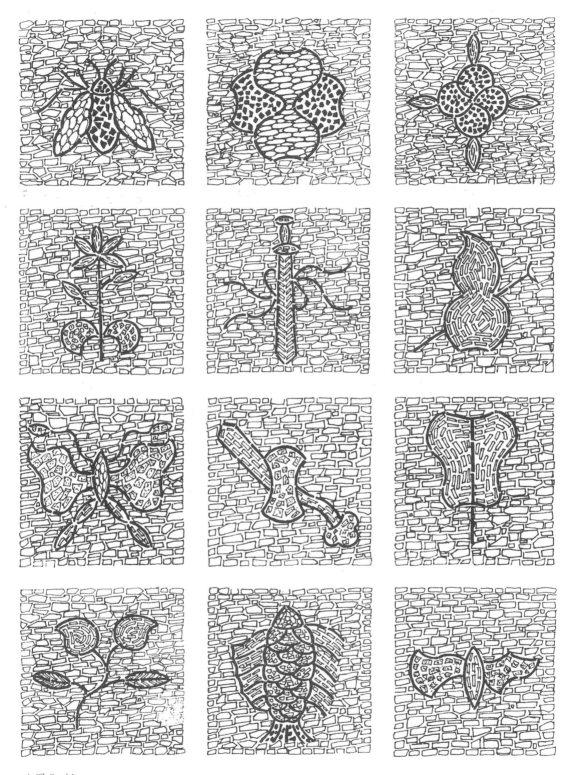

▲图 8-44
苏州留园与狮子林铺地纹样

▲ 图 8—45
无锡蠡园暗八仙铺地

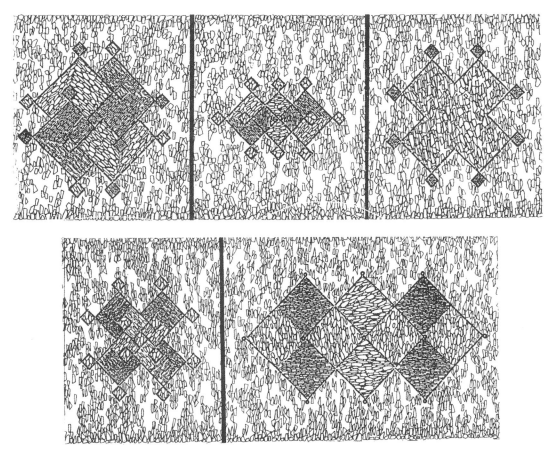

▲图 8-46
苏州大新桥巷门前铺地

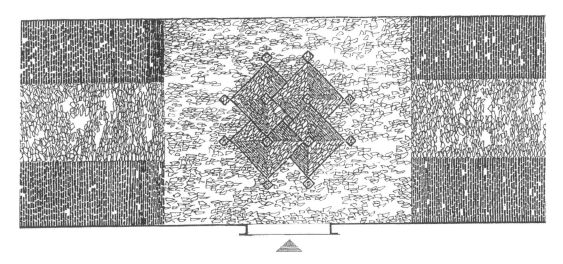

▲图 8-47
苏州西园放生池前铺地

▲图 8-48

苏州狮子林燕誉堂前凤凰戏牡丹块毯式铺地

▲ 图 8−49
苏州砂皮巷小学庭院铺地

▲ 图 8—50
各种吉祥纹样铺地

▶图 8–51
苏州狮子林五蝠捧寿铺地

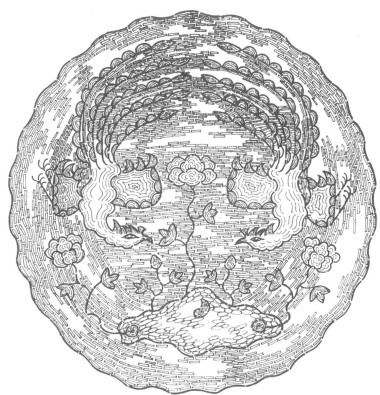

▶图 8–52
无锡蠡园双凤牡丹铺地

▲ 图 8-53
各种铺地纹样

▶图 8-54
苏州西园铺地

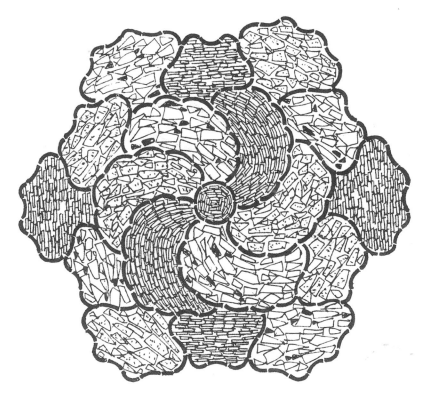

▶图 8-55
苏州寒山寺铺地

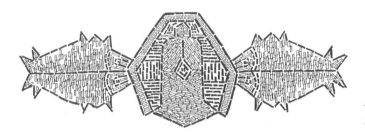

◀图 8-56
苏州寒山寺双鱼吉庆铺地

◀图 8-57
苏州鹤园铺地

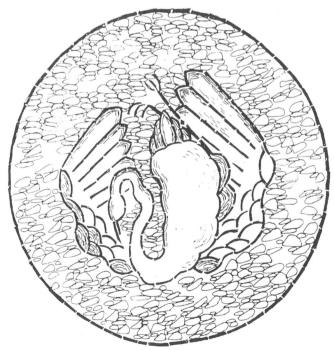

◀图 8-58
苏州鹤园铺地

▲图 8-59
苏州网师园殿春簃前庭院一角

▲图 8-60
上海城隍庙铺地

▲图 8-61
苏州留园铺地

▲图 8-62
苏州拙政园铺地

▲图 8—63
苏州留园铺地

▲图 8—64
苏州拙政园铺地

▲图 8-65
苏州留园铺地

▲图 8-66
苏州留园铺地

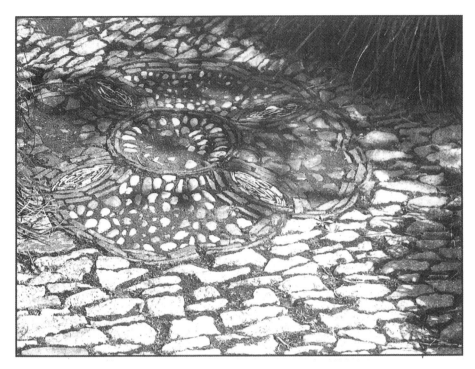

▲图 8-67
苏州留园东园铺地

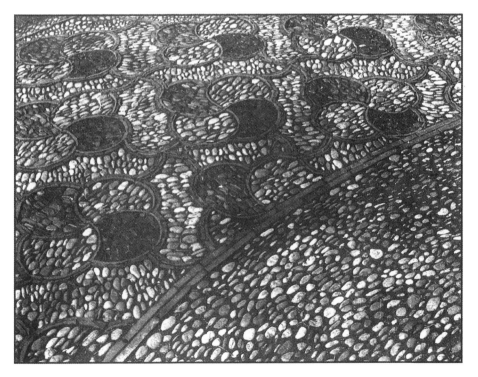

▲图 8-68
苏州留园东园铺地

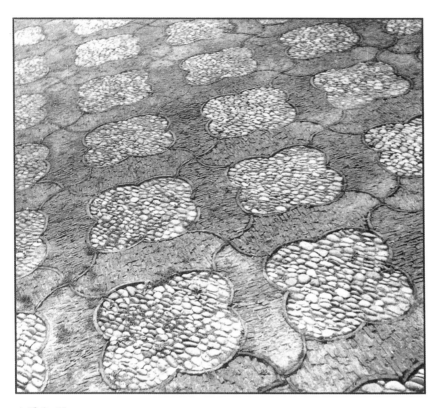

▲图 8-69
苏州拙政园铺地

▲图 8-70
苏州高师巷 2 号铺地

▲图 8-71
苏州网师园铺地

▲图 8-72
南京瞻园铺地

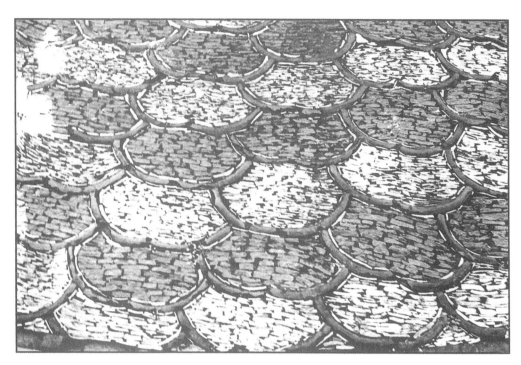

▲图 8-73
上海内园铺地

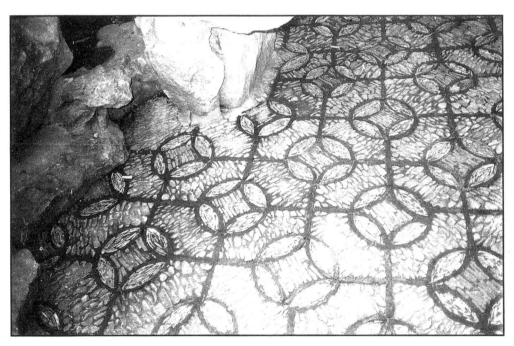

▲图 8-74
苏州留园金钱十字铺地

▲ 图 8-75
苏州留园北山铺地

▲ 图 8-76
苏州留园东园铺地

▲图 8-77
苏州留园北山铺地

▲图 8-78
苏州狮子林铺地

▲图 8—79
苏州怡园铺地

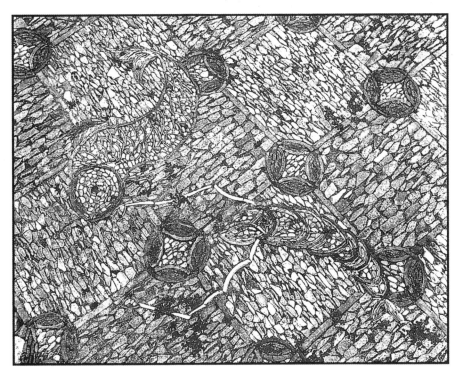

▲图 8—80
苏州网师园铺地

▲图 8-81
苏州拙政园铺地

▲图 8-82
苏州留园金鱼铺地

▲图 8—83
苏州网师园扇子铺地

▲图 8—84
苏州留园荷花铺地

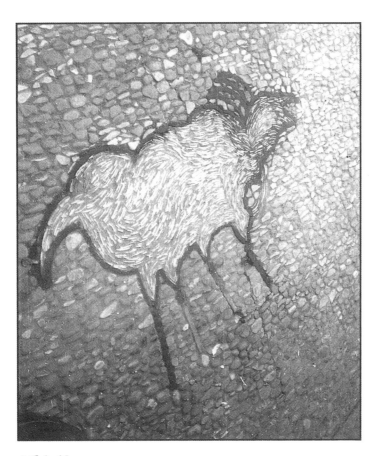

▲图 8-85
苏州留园羊铺地

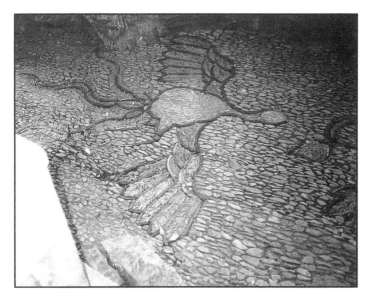

▲图 8-86
苏州留园凤凰铺地

▶图 8-87
上海漕溪公园铺地

▶图 8-88
松江东岳行宫铺地

▲图 8—89
松江东岳行宫铺地

▲图 8—90
苏州拙政园枇杷园铺地

图录
·
9 建筑装饰

34×41

▲ 图 9-2
苏州网师园梯云室裙板雕刻

43×22.5

▲图 9—3 苏州网师园梯云室裙板雕刻

46×21.5

▲图 9—4

苏州网师园梯云室裙板雕刻

45×33

▲图 9-5
苏州网师园某厅裙板雕刻

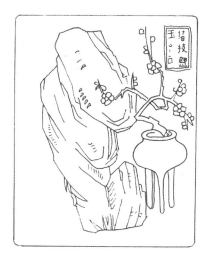 

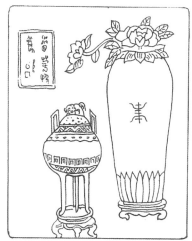 

▲ 图 9-6

苏州寒山寺裙板雕刻

▲图 9—7　苏州寒山寺裙板雕刻

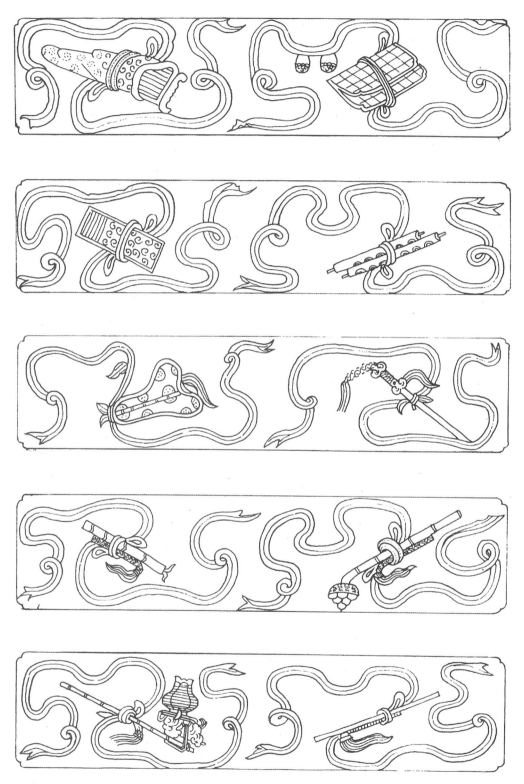

▲ 图 9-8
苏州留园绦环板雕刻

▲图 9—9
苏州留园绦环板雕刻

▲ 图 9—10
苏州网师园绦环板雕刻

▲ 图 9-11
苏州寒山寺绦环板雕刻

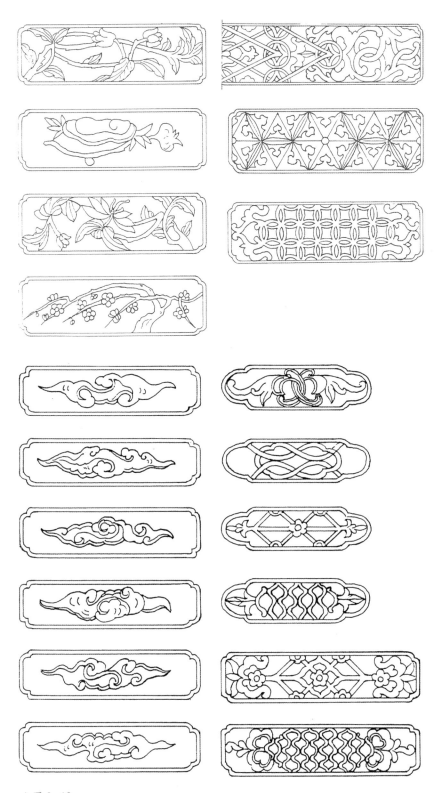

▲ 图 9—12
苏州园林各种绦环板雕刻

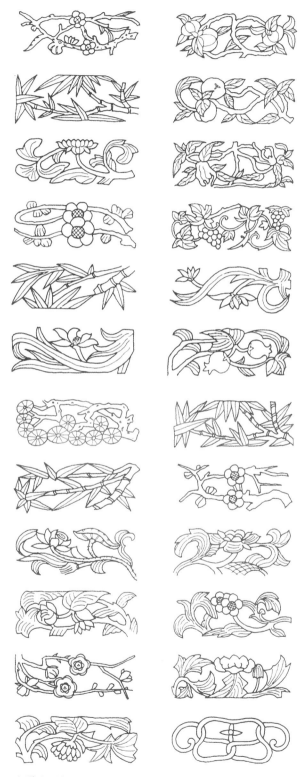

▲ 图 9–13
苏州留园木雕花结

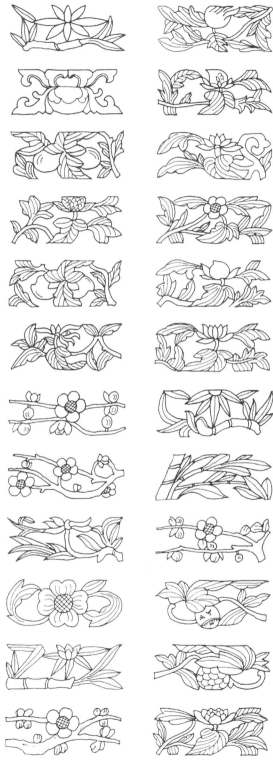

▲ 图 9—14
苏州留园木雕花结

▲图 9-15
常熟某宅石雕栏杆

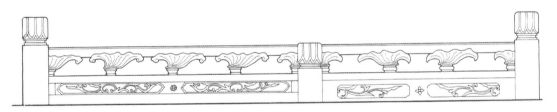

▲图 9-16
杭州韬光金莲池石雕栏杆

▲图 9-17
杭州西泠柏堂前石雕栏杆

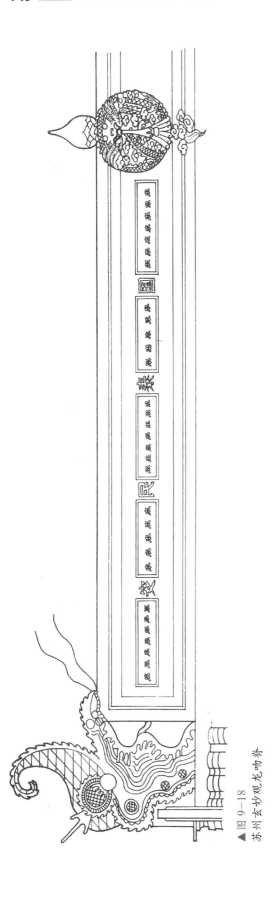

▲图 9-18

苏州玄妙观龙吻脊

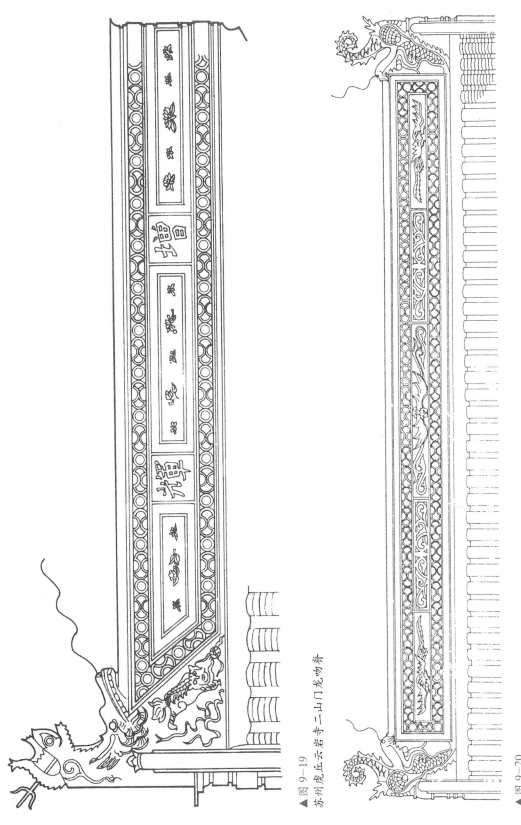

▲ 图 9-19
苏州虎丘云岩寺二山门龙吻脊

▲ 图 9-20
苏州某寺龙吻脊

▲图 9-21
苏州史家巷正脊上五蝠捧寿

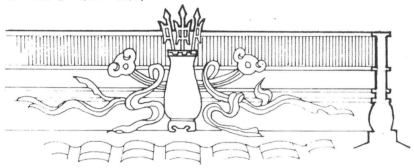

▲图 9-22
苏州高师巷 2 号照墙脊上平升三级

▲图 9-23
苏州史家巷正脊上聚宝盘

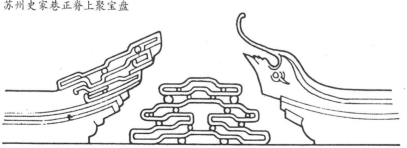

▲图 9-24
无锡七尺场钱宅脊饰

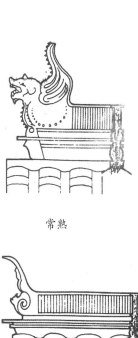

常熟

盛泽

盛泽

苏州哺鸡脊

上海豫园点春堂

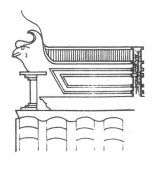

常熟

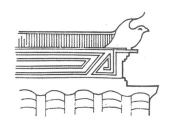

苏州悬桥巷

▲图 9-25

各种哺鸡脊示意

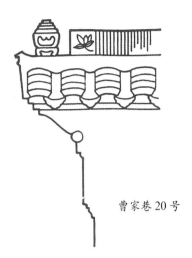

曹家巷 20 号

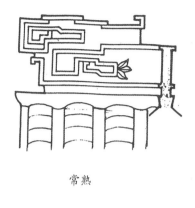

常熟

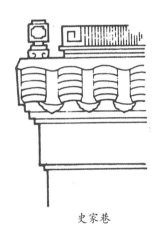

史家巷

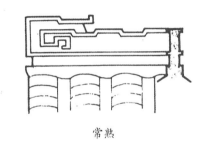

常熟

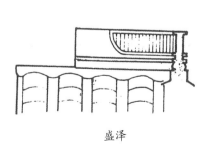

盛泽

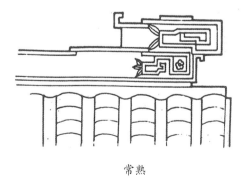

常熟

▲图 9-26
各种脊饰示意

无锡南市桥巷

无锡某宅

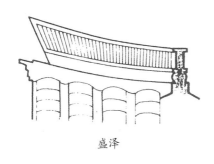

盛泽

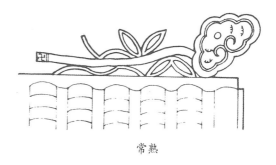

常熟

湖州民居

▲图 9-27
各种脊饰示意

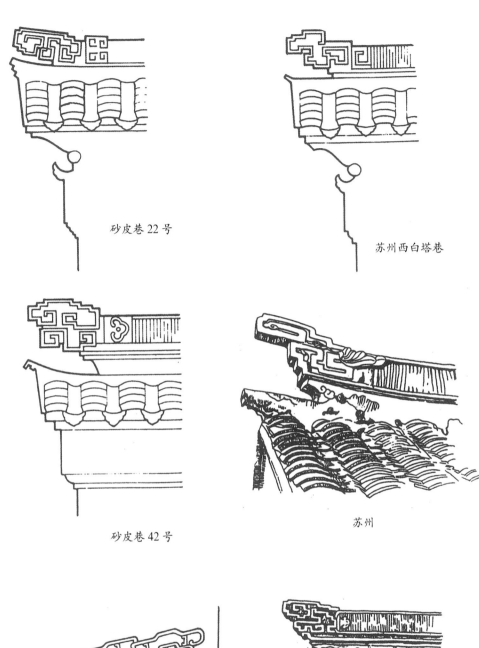

砂皮巷 22 号

苏州西白塔巷

砂皮巷 42 号

苏州

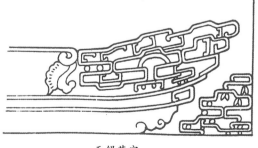

无锡某宅

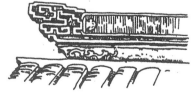

苏州

▲图 9-28
各种纹头脊示意

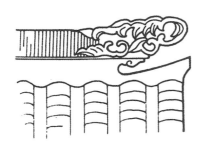

苏州娄门外某宅

留园冷香阁

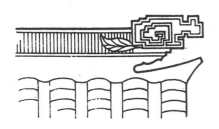

苏州娄门外某宅

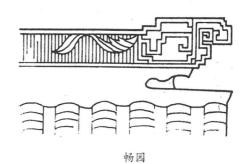

畅园

▲图 9—29
各种纹头脊示意

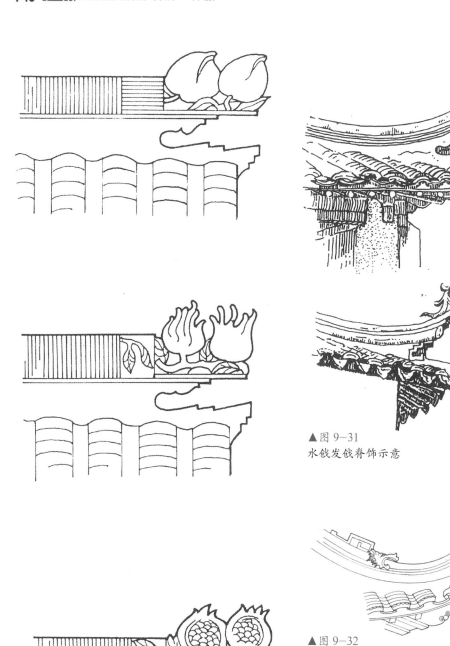

▲图9-31
水戗发戗脊饰示意

▲图9-32
常熟兴福寺脊饰

▲图9-30
苏州某宅的石榴、佛手、寿桃脊饰

▲图9-33
苏州网师园集虚斋凤凰脊饰

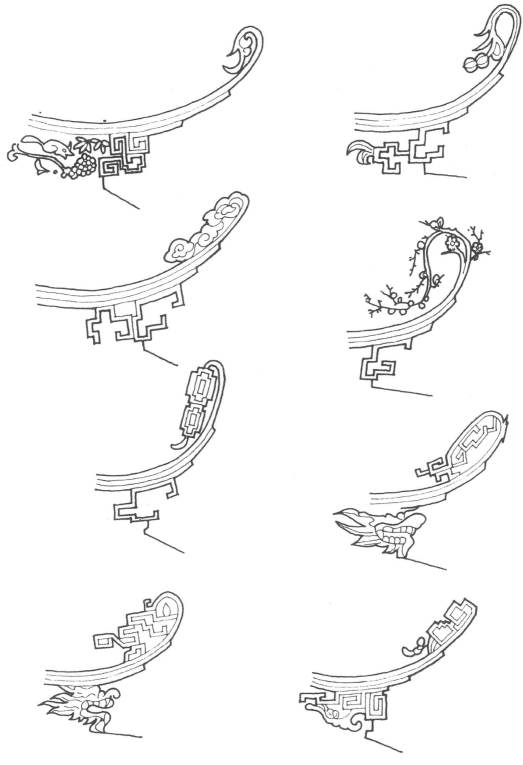

▲ 图 9-34
苏州园林各种脊饰示意

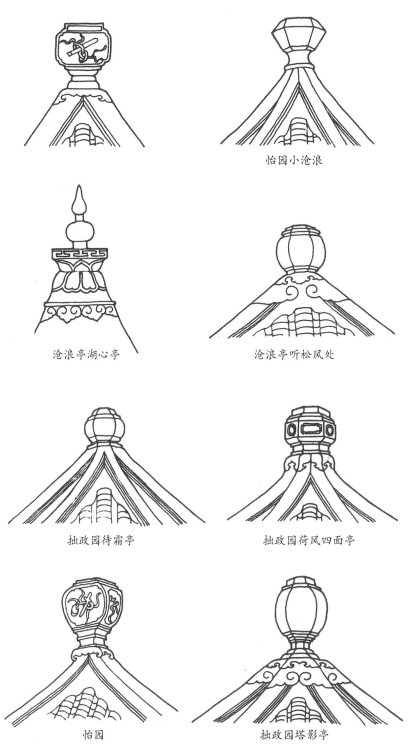

怡园小沧浪

沧浪亭湖心亭

沧浪亭听松风处

拙政园待霜亭

拙政园荷风四面亭

怡园

拙政园塔影亭

▲ 图 9—35
苏州园林各种宝顶装饰

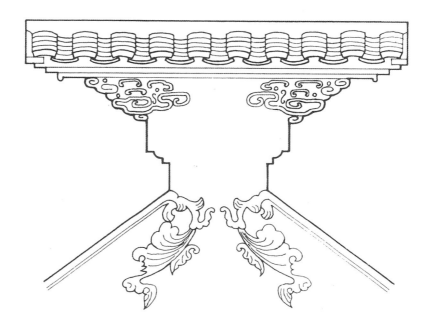

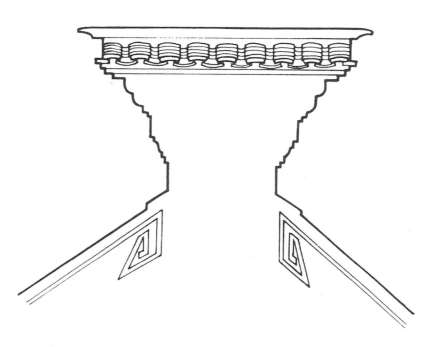

▲ 图 9-36
无锡各种山墙装饰

▲图 9-37
无锡各种山墙装饰

▲图 9-38
无锡前西溪薛宅山墙装饰

◀图 9-39
绍兴布叶会馆八角亭撑栱

◀图 9-40
杭州胡庆余堂撑栱

▶图 9-41
湖州南浔张懿德堂梁架装饰

▶图 9-42
湖州南浔张宅玻璃长窗花饰

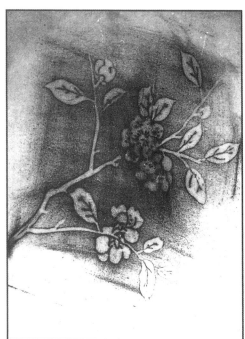

▲ 图 9-43
湖州南浔张宅玻璃长窗花饰拓片

▲图 9–44
湖州南浔张宅玻璃长窗花饰拓片

▲图 9-45
湖州南浔张宅玻璃长窗花饰拓片

▲图 9—46
湖州南浔张宅玻璃长窗花饰拓片

▲图 9—47

湖州南浔张宅玻璃长窗花饰拓片

▲图 9—48
湖州南浔张宅玻璃长窗花饰拓片

▲ 图 9—49

湖州南浔招待所隔扇裙板雕刻

▲图 9—50
苏州拙政园枇杷园裙板雕刻

◀图 9-51
杭州灵隐寺隔扇裙板雕刻

◀图 9-52
苏州拙政园留听阁隔扇裙板雕刻

▶图 9—53
苏州忠王府云龙裙板雕刻

▶图 9—54
江苏吴江老干部活动室裙板雕刻

◀图 9—55

江苏吴江老干部活动室裙板雕刻

▶ 图 9—56
江苏吴江老干部活动室裙板雕刻

▲图 9–57
宁波庆安会馆柱础

▲图 9–58
苏州忠王府柱础

▶图 9-59
苏州忠王府柱础

▶图 9-60
宁波安庆会馆柱础

▶图 9-61
宁波横溪某宅柱础

▲图 9-62
湖州南浔遵德堂柱础

▲图 9-63
杭州胡宅柱础

▲图 9-64
湖州南浔小莲庄柱础

▲图 9-65
湖州南浔小莲庄柱础

▶图 9-66
苏州灵岩寺某门抱鼓石

▶图 9-67
扬州某民居门枕石

◀图 9-68
苏州忠王府大门抱鼓石

◀图 9-69
苏州天平山山门抱鼓石

▲图 9–70
杭州岳庙大门抱鼓石

▲图 9–71
南京煦园抱鼓石

▶图 9–72
苏州天平山高义园大门葵花砷抱鼓石

◀图 9-73
浙江南浔陈宅院子义门砖雕门楼

◀图 9-74
浙江临海大营巷洪宅砖雕门楼

▶图 9-75
浙江南浔某宅大门砖雕门楼

▶图 9-76
苏州大石头巷吴宅砖雕门楼

◀图 9-77
绍兴鲁迅故居新台门砖雕门楼

◀图 9-78
苏州铁瓶巷任宅砖雕门楼

▲ 图 9—79
苏州铁瓶巷任宅砖雕门楼

▲ 图 9—80
苏州网师园砖雕门楼

▲图 9-81
江苏震泽砥定街 88 号门楼砖雕

▲图 9-82
浙江南浔某宅门楼砖雕

▲图 9-83
上海松江永丰镇中山西路王春沅宅门楼砖雕

▲图 9-84
浙江南浔人委砖雕门楼

▲图 9-85
苏州大石头巷吴宅门楼砖雕"四时读书乐"（春）

▲图 9-86
苏州大石头巷吴宅门楼砖雕"四时读书乐"（夏）

▲图 9-87
苏州大石头巷吴宅门楼砖雕"四时读书乐"（秋）

▲图 9-88
苏州大石头巷吴宅门楼砖雕"四时读书乐"（冬）

◀图 9-89
苏州大石头巷吴宅门楼砖雕细部"三星高照"

◀图 9-90
苏州大石头巷吴宅门楼砖雕细部"上京赶考"

◀图 9-91
上海天灯弄 77 号郭宅某厅砖雕

▲图 9-92
浙江金华城隍庙戏台龙吻脊

▲图 9-93
浙江南浔某宅门楼脊饰

▲图 9—94
浙江临海天灯巷 15 号大门脊饰

▲图 9—95
江苏震泽招待所脊饰

▲图 9—96
南京鸡鸣寺脊饰

▲图 9—97
绍兴老台门门楼脊饰

▲图 9—98
上海小沙渡路玉佛寺脊饰

▲图 9—99
上海南市内园大殿脊饰

▲图 9-100
上海木商会馆脊饰

▲图 9-101
上海小沙渡路玉佛寺脊饰

▲图 9-102
宁波公家庙景壁脊饰

▲图 9-103
苏州拙政园腰门纹头脊

▲图 9-104
江苏昆山某宅脊饰

▲图 9-105
浙江临海城关劳动路 59 号脊饰

▲图 9-106
苏州东山雕花楼入口脊饰

▲图 9-107
苏州怡园脊饰

▲图 9-108
苏州耦园脊饰

▲图 9-109
上海豫园点春堂垂脊饿脊

▲图 9-110
苏州怡园藕香榭脊饰

▲图 9-111
苏州耦园脊饰

▲图 9-112
苏州耦园脊饰

▲图 9-113
苏州留园脊饰

▲图 9-114
苏州天平山四仙亭脊饰

▲图 9-115
南京煦园砖雕门罩